你的努力，

NI DE NU LI SHI WEI LE BU GU FU ZI JI

是为了不辜负自己

顾 俊 著

民主与建设出版社
·北京·

图书在版编目(CIP)数据

你的努力，是为了不辜负自己 / 顾俊著. -- 北京：民主与建设出版社，2016.8（2024.6 重印）

ISBN 978-7-5139-1221-1

Ⅰ.①你… Ⅱ.①顾… Ⅲ.①成功心理—青年读物 Ⅳ.①B848.4-49

中国版本图书馆CIP数据核字(2016)第180098号

你的努力，是为了不辜负自己

NIDE NULI, SHI WEILE BUGUFU ZIJI

著 者	顾 俊
责任编辑	刘树民
装帧设计	李俏丹
出版发行	民主与建设出版社有限责任公司
电 话	（010）59417747 59419778
社 址	北京市海淀区西三环中路10号望海楼E座7层
邮 编	100142
印 刷	永清县晔盛亚胶印有限公司
版 次	2016年11月第1版
印 次	2024年6月第2次印刷
开 本	880mm×1230mm 1/32
印 张	8.5
字 数	180千字
书 号	ISBN 978-7-5139-1221-1
定 价	58.00 元

注：如有印、装质量问题，请与出版社联系。

CONTENTS

目 录

Chapter 01

生命在于攀登

Chapter 03

—— 不为自己找借口 ——

Chapter 04

———— 努力才是最聪明 ————

Chapter 05

——— 像树一样生活 ———

Chapter 06

——— 成功没有捷径 ———

1

CHAPTER 01

生命在于攀登

人生就该如此吧，
当我们努力追求心中的目标时，
也是在追寻生命的高度，
旖旎风光总在巅峰显现。

/苦难的另一面/

1965 年，他出生在河南长垣县一个农民家庭，一生下来，命运就向他展示了残酷的一面，他先天脊柱变形，前弓后驼，而贫穷的家庭连他的温饱都无法保证，医治残疾更成为了一种奢望。

1982 年，17 岁的他身高仅有 1.55 米，体重仅 37 公斤，那一年他高中毕业面临高考，成绩优秀的他自信满满，每天都要学习到深夜，家人看他如此投入，不忍心告诉他真相，一直到填报志愿的时候他才知道，因为身体残疾，没有一所大学会录取他。

得到消息的他痛苦不堪，他撕扯着自己的头发，一遍遍嘶吼着："我应该怎么办？应该怎么办？"

这样的痛苦一直持续了 10 年，他闭门不出度日如年，直到有一天，他看到了一本名为《我与地坛》的书。这是著名作家史铁生的作品，同为残疾人，他深深理解史铁生的痛苦，也被书中字里行间流露出的乐观向上的情绪深深打动，看着为他奔忙的年迈父母，他决定与命运抗争。

1992年，他开始外出打工，虽然身体残疾，但由于头脑灵活，他很快找到一份推销员的工作，专门向医院推销医疗器械，在一次推销中，他无意中听说当时气管导管比较紧俏，主要依赖国外进口，突然萌生了生产这种器械的念头。

但一个身有残疾的农村青年想要做成在当时还属高技术的产品谈何容易？为学技术，他10多次上河北、下上海，7次骑着摩托车跑洛阳、郑州，向专家讨教。有一次，为了一个关键技术，他骑摩托车连夜赶往200多公里外的洛阳，专家听了他的经历，感动得热泪盈眶，毫无保留地把自己掌握的技术全部传授给他，随后，他向乡亲们借了两万元钱开办了自己的工厂。

1995年，他的气管导管研制成功，当年便获得河南省技术成果奖，还填补了国内气管导管生产的空白。1996年，他注册了"驼人"牌商标，他说："这商标'驼'字小、'人'字大，我想告诉大家，残疾人照样可以干出一番事业，驼人也能顶天立地！"

铿锵有力的话语背后，是夜以继日的劳作，身为一名残疾人，他要付出比一个健康人多出十倍百倍的艰辛努力。

上苍是公平的，经过他的努力，2010年，驼人集团已拥有数百种医疗器械产品，生产的麻醉包和镇痛泵销量稳居全国首位，并且出口到印度、土耳其、韩国等十几个国家和地区。

他富了，但他没有忘记曾经的苦难，他说："创业富民、助残，让更多的乡亲们富裕起来，让更多的残疾人就业自立，是俺的最大愿望。"

为造福乡亲，他把企业迁回家乡，安排了近 2000 人就业；为改善家乡落后面貌，他拿出 400 万元资助修路、架桥、建学校；为帮助残疾人，他花钱在媒体上刊登录用残疾人就业启事，接纳近 400 名残疾人就业，还建起方便舒适的残疾人公寓。

他的名字叫王国胜，驼人集团董事长，河南省残疾人福利基金会副会长，河南省政府"扶残助残慈善大使"，中国残联和中央国家机关青年联合会"爱心人士"。

时至今日，46 岁的王国胜早已看淡了苦难，他对每名招募来的残疾人说，其实苦难的另一面是一种恩赐，因为伴随苦难而来的往往是一种超乎常人的坚强与不屈，而这种精神才是人生在世最为宝贵的财富。

绝望中蕴藏的希望

有一幅漫画：在一片水洼里，有一只面目狰狞的水鸟正在吞咽一只青蛙。青蛙的头部和大半个身体都被水鸟吞进了嘴里，只剩下一双无力的乱蹬的腿，可是出人意料的是，青蛙却将前爪从水鸟的嘴里挣脱出来，猛然间死死地箍住水鸟细细的长脖子……这幅漫画就是叙述这样的道理：无论什么时候，都不要放弃，在绝望处当看到希望。

1995年，37岁的几米遇到人生一个重大事件——罹患血癌，凭借对美好世界的热爱和内心强大的力量，他最终战胜病魔，在生命的长河中逆流而上，成为台湾最著名的绘本作家。几米在自己的作品《我的心中每天开出一朵花》里写下这样的话：落入深井，我大声呼喊，等待求援……天黑了，黯然低头，才发现水面满是闪烁的星光，我总是在最深的绝望里，遇见最美丽的惊喜。我在冰封的深海，找寻希望的缺口，却在午夜惊醒时，蓦然瞥见绝美的月光。"我有着向命运挑战的个性，虽是屡经挫败，我决不轻从。我能顽强地活着。活到现在。就在于：相信未来，热爱生命。"上面的诗句是诗人几米写给自己的内心，也是写给世界上第一个追问人生意义的人。

在绝望处看到希望，终究看得见天空中那颗属于自己的星星。

美国一位著名教授招聘助教，留学美国的吴鹰和他的几位同学同时参加了应聘。可就在考试的前几天，他的同学们打听到，这位教授曾在朝鲜战场上做过中国人的俘虏，都认为教授肯定不会录用中国人，纷纷放弃了，同时劝说吴鹰不要白费精力。但吴鹰没有听从同学们的劝告，参加了应聘，并出人意料地被录取了。

教授对吴鹰说："你们是为我而工作，只要当好助手就行了，还扯几十年前的事干什么？我很欣赏你知难而进的勇气和对生活的信念，这就是我录取你的原因。"

对于别人看来似乎不可能的事情，在绝望处看到希望，仍不放弃、做出积极努力，比别人多一份勇气，多一份执著，这就是吴鹰在这次应聘中取胜的法宝。1998年，美国《商业周刊》评选其为拯救亚洲金融危机的亚洲50位明星之一。

我们都曾经一再看到这类不幸的事实：很多有目标、有理想的人，他们工作，他们奋斗，他们用心去想、去做……但是由于过程太过艰难，他们越来越倦怠、泄气，终于半途而废。到后来他们会发现，如果他们能再坚持久一点，如果他们能再看得更远一点，他们就会终得正果。请记住：永远不要绝望；就算看似绝望了，也要再努力，从绝望中寻找希望。

　　在绝望处看到希望是人生的一种大智慧，是向往美好生活的动力，更是成功者的座右铭。托尔斯泰说过："环境，愈难艰困苦，就愈需要坚定的毅力和信心，而且懈怠的害处就愈大。"天空不会总是蔚蓝，道路不会总是平坦，生活里有太多的苦难和挫折，但是只要有信念、勇气、智慧和毅力，就能点燃成功的激情，不断走向成功。

捷径，其实是最远的路

我给高三学生布置了一道材料作文题。材料的内容画的是一组漫画：一群人，每个人背着一个超过身高的硕大十字架在埋头赶路。他们走得好辛苦啊。在这些人当中，有一个人开始动脑筋了。他趁人不备，用锯子把十字架的末端锯下去了一截。嘿，明显轻松了许多。很快，他就走到队伍的前面去了。在某方面尝到了甜头的人，会一次次地萌生以同样方式追求甜头的心思。这个人也不例外。他再次拿出锯子，把十字架的末端又锯去了一截。更加轻松了。他得意地哼起了小曲。突然，面前出现了一道深谷。背着十字架赶路的人们纷纷把长长的十字架搭在深谷的两边——彼时拖累人的十字架，此时化作了通向彼岸的桥梁。那么多人，轻松愉快地从自己的十字架上通过，如愿以偿地走到深谷那边去了。而那个取巧的人，却因为变短的十字架无法架在深谷两边，而永远被留在了深谷这边……

与其说我给高三学生提供了一道材料作文题，不如说我给他们提供了一种人生镜鉴。终于废寝忘食地熬到了高三，背上十字架的分量陡然加重。百套卷、千道题、万种法——你可生出了偷巧的心？锯子在身内，锯子在身外。锯子的利齿，随时乐意帮你锯掉沉重十字架的末端。但是，深谷不迁就短处，残缺的十字架只能编织残缺的梦，因为它无法连接梦想的两岸。

何止高三？人生时时处处不都是如此吗？

"小聪明"不是"智慧"，但"小聪明"往往比"智慧"更容易博得当下的掌声。当一个个十字架被聪明的手一次次地锯断锯短，卸了重负的人在偷笑，愚钝的裁判员看不出这个冲在最前面的运动员原是作弊者，激动万分地宣布了一项新纪录的诞生。深谷没有出现在今天，深谷甚至也可能不会出现在明天。但是，深谷总是不动声色地横亘在我们必然经过的前方某处，等着在一个绕不开的时刻看我们的笑话。

饮鸩止渴、剜肉补疮、聪明反被聪明误，古人造出了这些词，预备给后人恰当地使用。而我们，果然就用上了，并且用得恰当到让人悲凉。是谁，天生一颗偷巧的心，锯短十字架成了欲望的本能动作。残缺的十字架，诅咒般地投影于你我他的生活——餐桌上有之、马路上有之、空气中有之……只有汇报材料的数据中没有，但这是一种更大的取巧。

什么时候我们才能彻底明了：捷径，其实是最远的路；偷来的巧，其实是致命的拙。

/揭开伤疤的勇气/

唐莉是一所封闭中学初一的女生。几次小考下来，她的语文数学外语成绩都令师生们惊叹不已，每次都是 6 个班的第一名。

只是这样的成绩也不能令唐莉舒展眉头，在花枝招展的女生堆里，整日显得落寞、自卑。原来，她曾得过小儿麻痹症，致使一条腿比另一条腿略短些，走起路来便一瘸一拐的。为此，她暗自伤心落泪，上苍为何如此不公。于是，她拼命学习，想必突出的学习成绩会令人刮目相看。

或许依靠自己高高在上的文化成绩，体育课上，不向老师请假，唐莉就擅自不去，被体育老师告到班主任马老师那里。一次，体育课上，马老师发现了在教室学习的唐莉，笑嘻嘻地对她说：唐莉，别的同学能上体育课，你也能，以后要走出教室加入他们的行列，那是不一样的生活。

唐莉没把老师的话放在心上，下次上体育课时，照旧呆在教室里。这次，马老师有点严肃地说：唐莉，其他同学能做的，你也能做到，只不过，可能比他们费劲点，但即便费劲，你也必须试着去做。

　　对老师的这次谈话，她不以为然，照常我行我素，可是，她的心里还是起了微澜：马老师，难道你看不出我和其他同学不一样吗？为什么这样逼我？难道把我的伤疤揭开让同学们审视吗？

　　马老师再次发现唐莉没去操场上体育课时，气呼呼地闯入教室，吼起来：唐莉，要让我告诉你几遍，你才能相信，他们能做到的，你照样能做到。出去，马上出去，到操场去上体育课，按照老师的要求来做，否则你就另择名校吧。

　　听着老师炸雷般的话语，唐莉知道老师真的生气了，只好忍住巨大的委屈，泪往心里流，一瘸一拐地走向操场。那一刻，她恨死了不讲任何情面的马老师，如此不懂得呵护自己已经千疮百孔的心。

　　更为可恶的是，马老师竟然留在操场，监督唐莉的一举一动。恰巧，适逢女生 800 米考试。体育老师发出跑的命令后，女同学们都撒开腿，起劲地跑起来。唐莉瞅瞅严厉的马老师，也只好跟在后面，一瘸一拐地走起来。别人不过用三四分钟，她却用了足足 14 分钟。

　　在唐莉走到终点时，马老师、体育老师和同学们齐刷刷地为她鼓起掌来，他们眼里满含着敬意，完全没有她想象中歧视的眼神。

马老师走向她，给了她一个结结实实的拥抱，并悄声对她说，你看，他们能做到的，你也能做到了吧。唐莉忍耐多时的委屈的眼泪终于化作自信的泪水，肆意地流淌下来……

从此，唐莉变得开朗起来，体育课也不再缺课。跑步、打篮球、打排球都可以看到她的身影。公共场所，也不再畏畏缩缩，而是大方地往前走，尽管还会碰上好奇的眼光，她仍能坦然面对，有时甚至主动打招呼：嗨，你好。我得过小儿麻痹症，所以走起路来才这个样子。那好奇的目光在她的问候声中只好落荒而逃。

唐莉，是我的初中同学，现在是某大学的硕士研究生导师。在我们初中毕业 20 周年聚会上，唐莉当着马老师的面，讲了这样的话：每个人的生命里，总有一些伤痕存在着，显性的也好，隐形的也罢。我们习惯了躲进伤痕的保护壳里，缩着头，或逃避，或躲闪，不愿正视。于是，久而久之，这种逃避心理会蒙住我们的心灵，使我们失去前进的动力。正是在此意义上，我要感谢马老师，帮我及时揭开伤疤，让我有了直面伤痕的勇气，才有了今天蝉蜕的可能。说完，向马老师深深地鞠了一躬。

是啊，有些伤痕的存在，不是我们能左右的事情，但是，我们能左右的事情是，坦然正视伤疤，获得独立生存和发展的能力。

生命在于攀登

一个晴朗的日子，和朋友相约来到泰山脚下，开始攀登泰山，并看第二天的泰山日出。

泰山，五岳之首，风景甚佳，泰山看日出，更是旅游者心中的胜景。我们兴致勃勃，拾级而上，刚刚上路，步履轻松，欢声笑语融入了瑰丽的风景之中。

渐渐地，大家变得安静起来，这时的我们，已经气喘吁吁、汗水淋漓，停下脚步休息了好多次。就这样走走停停，累也累了，脸上却依旧挂着笑，喘一口气，抹一把汗，继续攀登。红门宫，万仙楼，中天门，许多景点留在了我们身后。

攀登到十八盘的时候，再次停下了脚步。回头往下看，游人如织，大都走走停停，一步一步向上攀登。这时一位特别的游客吸引了我们的注意，这是一位鬓发斑白的老者，清瘦，健朗，矍铄，戴着一副眼镜,拄着根手杖。老先生一步一个台阶,步履稳健地向我们走近。这是一道怎样奇异的风景啊!我们被深深地感染了。

我不禁俯身向下高声笑问:"您老高寿啊?"

"80岁啦!"老人也高声笑答,带着几分幽默。

我们被强烈地震撼了,浑身来了精神:"快点走吧,不然落在老人的后面了。"

临近傍晚,我们终于登上了玉皇顶。登泰山,大都是为了第二天看日出,因此游客都是傍晚之前上山来。此刻,云集于此的游客们正三五成群地在山顶街市上闲游。我们在安顿好住宿后,也沿着天街奔向了观日台,这里是看日出的地方,寄予着我们第二天的期盼。

也许是心里太兴奋了吧,谁也没有睡好,天还没亮,游客就陆陆续续起床了。我们跟着人群向观日台奔去。路上,一位老者的谈笑吸引了我,走近一看,竟是那位80岁高龄的老先生。原来,老先生对日出也是如此期盼。

时候或许还早,来到观日台看不清周围的景物,只闻人声嘈杂。我和朋友找了个地方坐下来。山顶的凌晨,清风吹来,很有几分凉意。大家在一起说笑着,期盼着。

渐渐地,东方发白,晨曦微露,一个红色的圆点透过迷蒙的晨雾,越发耀眼鲜明。这就是泰山日出?全不像平原上初升的红日那么大。但是,当红日升腾的时候,光芒洒满了茫茫天宇,也洒满了人们的心田,这是幸福的阳光。

细细想来，那么多人，更有 80 岁高龄的老者，登泰山难道就是为了"到此一游"，就是为了"一饱眼福"，或者仅仅是拍几张日出的照片？不，生命应该是一路攀登，攀登是生命的追寻。"无限风光在险峰"，无论是年幼的儿童、气盛的年轻人，还是矍铄的老人，他们都为了心中的目标而不懈地攀登，在攀登中寻找快乐，在攀登中活出意义。

　　人生就该如此吧，当我们努力追求心中的目标时，也是在追寻生命的高度，旖旎风光总在巅峰显现。

敬业的价值

在奔驰的列车上，大家看窗外的风景看得厌了，就彼此说起话来。后来说到各人经历的一些特别奇特的与生死有关的事，一位坐在我对面靠着窗边的大妈，给我们讲了这样一件事。

大妈说："那还是在我二十岁出头的时候，我在一个民间杂技团做事。那种杂技团，一年到头在各地巡回演出，人家称我们为'草台班子'。杂技团里有一匹马，是用来驮道具的。它可是我们特别重要的运输工具。团长让我照管这匹马。"

"那你应该会骑马吧？"坐在她旁边的一个小伙子笑着问。
"会呀。可在此之前，我不会。我是在照管这匹马的时候，慢慢学会的。这马可通人性呢。那时候我除了照管这匹马，还要做很多其他的事，一天忙下来，常常累得头一挨着枕头就睡着了。可哪怕是睡着了，只要拴马的地方有一点动静，我也会立刻惊醒，披上衣裳去查看。我想，既然团长把马交给我照管，我就不能让它有任何闪失。别的闪失也不会有，主要是怕有人偷。"

"你的责任心可真强啊。"那个小伙子又说。"是啊，如果不是责任心强，团长也不会把马交给我照管啊。可正是因为我的责任心强，我才能在那天晚上幸存下来。"

见我们全都一下坐直了身子，屏住了气息，她痛苦地摇摇头，喘了一口气，接着说："一连下了好几天大雨，有天晚上，我突然听到马在叫，立刻披衣起床。外面仍然下着瓢泼大雨，我想，说不定就有人趁着这种天气来偷马呢。可是我刚来到拴马的地方就惊呆了，好大的水啊！我根本来不及多想，更来不及喊人，本能地翻身上马。后来得知，是上面的一个水库大坝垮了。那一次，死了很多人。我们那个团，除了我一个人骑在马上跑出来，全都……"

沉默了好一会儿，大家才开始说话，大家都认为是她的极强的责任心救了她。她点点头说："是的，我们团长一再说，什么事只要交给我办，他就不用再操心了。后来我有了孩子，我就总是跟他们说：做人，一定要有责任心！一个人，不论处在什么情况下，他只要有责任心，就等于多了一条生路！"

她说她的一个儿子办了一个厂，"就因为他的责任心特别强，生产的产品特别过硬，结果，整个县里，别人办的同类型的厂都垮掉了，只有他的厂越办越大，所以他有次笑着跟我说：'妈，你跟我讲的这个故事，讲的这个道理，也等于是给了我们这个厂一条生路啊。'"

就做一杯柠檬水

如果有个柠檬，就做柠檬水。把自己现有的优势发挥到极致就是人生的快乐。

——西尔斯公司董事长裘利亚斯·罗山渥

一晃工作有三个年头了，我还是纠结在社会的不公平，生活的不如意中。有后台有背景的不用奋斗也可以平步青云，可是穷得只剩下奋斗的，却久久不得志，依旧在社会的底层摸爬滚打，为了有一个可以落脚的地方，背着一辈子的债务，被生活压得喘不过气来。

生活，似乎看不到灿烂的阳光。昔日的雄心大志早就消失得无影无踪，只剩下每日偷闲来聊以自慰。可是看到小豆，我日渐消沉的神经振奋了。

小豆，来自甘肃的一个农村。叫他小豆是因为他瘦小得可怜，是被安排进我们宿舍的高职生。说句实在话，开始我们很排斥他，一是当时我们还洋洋得意自己是重点大学的本科生，而小豆不过是一个不起眼的职高生，还有小豆浓重的方言，处处透露着他的村里人气息，走到哪里都有种土土的气质。幸好小豆忙着打工兼职，在宿舍的机会很少，我们也忙着约会、自习、活动，大家的生活交点不多。

　　小豆大二的那年，突然不做兼职了。他开始天天在图书馆研究电脑书籍，他说他打工的时候遇到了一个老乡，是做网络编程的。那位老乡给他建议，说他不能把时间浪费在打工上了，要学点知识，以后挣大钱。我们听着也没敢说什么，却私下在宿舍议论，编程那么大难度的活，小豆靠自学哪能学会啊？真是痴人说梦。

　　小豆每天早出晚归，开始有几个舍友还相约和他一起去自习，可是几天就放弃了，只剩下小豆一个人形单影只地坚持着。一天舍友偶然听广播，竟然有小豆的一篇文章被选中了。我们逗小豆用稿费请客。小豆大方地用15元稿费买了一大堆水果。

　　我们一问才知道，小豆看书累了，就看点杂志。猛然发现，杂志是有稿费的，小豆原来语文不错，就尝试着写文章投稿了。小豆高兴地说，这是他第一笔稿费，他觉得这个行业不错，以后也是出路。我们一伙人嚷嚷着要看小豆文章。小豆高兴地给我们拿出来一摞文稿。说句实在话，文字幼稚，没有独到的见解。我们也不敢太狠地打击，只是出于关心，七嘴八舌地劝小豆："你学编程压力那么大了，哪有时间学写作啊？""文章不是谁都写的，中文系的还不会呢。""盛世文章不值钱，这条路行不通。"小豆委屈地看着我们，一句话也没有说，第二天依旧大早晨爬到图书馆。我们都说小豆是个大傻子，整天做着白日梦。

毕业那年，当我们看着空荡荡的简历，一筹莫展的时候。小豆也面临毕业了，他挣着稿费，在一家小企业，身兼数职，一面当着编程实习人员，一面还帮人家做个小内参。这个时候，我们才后悔白白虚度了四年的时间。

毕业一晃三年了，我挣着糊口的工资度日。偶然的机会重逢小豆，他换了更好的公司，可是还做着编程方面的工作，业余时间写作，已经成了几大知名杂志的签约作者，身边还有一个可爱的小女朋友。虽然小豆还是那么瘦小，那么其貌不扬，可是在他面前我很自卑。临走的时候，他告诉我："一个人在图书馆绞尽脑汁的时候真的很痛苦，浸着汗水的字被人家贬得一文不值的时候，真的特失望，可是我选择了，就只能做好，努力努力再努力。"

说学历，他仅仅是一个高职生，论外在，他不过是最其貌不扬的那一个，论资历，他也是货真价实的穷二代，他很普通很平凡，就是一个靠着自己的梦想努力认真生活的年轻人，也许他只是一个不起眼的柠檬，可是他靠着自己的努力成了一杯有价值的柠檬水，我敬佩每一杯柠檬水。

/决心与耐心/

天寒地冻的北极，一只北极熊正在寻找食物，它已经足足一个礼拜没有进食了。

它拖着虚弱的身体，漫无目的地行走在白茫茫的世界里。突然，北极熊动了动鼻子，兴奋地看向远方，敏锐的嗅觉告诉它，一只成年环海豹正在附近活动。

是的，在百米之外的冰层下，确实有一只肥美的成年环海豹，它正在找冰洞换气。很快，它找到了一个冰洞，但是它知道，北极熊经常会守在洞口，只要它一探出脑袋，北极熊会以电光石火的速度向它扑来。

环海豹的换气速度虽然进化到了 0.70 秒，但北极熊却把反应速度进化到了 0.68 秒，0.02 秒之差，足以使环海豹葬身熊口。

环海豹在洞下徘徊侦察，它发现了因为阳光照射而形成的北极熊的身影，环海豹转头游向别处，它必须要尽快找到另一个换气洞，否则就要窒息而死。非常幸运，环海豹又找到了另一个换气的冰洞，可遗憾的是这个洞已经被牢牢冻住了，它尝试着要用脑袋冲破冰层，但是都失败了。环海豹别无选择，要么淹死，要么游回刚才那个有死敌把守的洞口！

它最终选择了后者，希望能侥幸地打破那 0.02 秒之差，但是等它一头探出去，却发现它的天敌，已经懊恼地走出了几十米之外……

大地空旷得像是一只被舔得一滴不剩的大餐盘，风呼呼地刮着，就像是刮在了北极熊的胃里，一阵阵地疼痛，它知道，如果再不进食就要活活饿死了。

突然，它的眼睛里闪过一丝惊喜，前方不远处一只大海狮正在冰洞外晒太阳，北极熊猛追过去，海狮闻声跳进了冰洞，北极熊加快步伐往前追赶，只要一直朝着前方的窄广水域跑去，它总会在尽头收获这顿美餐。

海狮在冰下逃窜，北极熊在冰上追赶，并且胜券在握地守住了一个冰层洞口，海狮也不是泛泛之辈，见洞口被堵，就把身子一沉，向下潜去，20 米、30 米、50 米……海狮的肺都快被海水挤扁了，只能无奈地向上游去，等它"噗"的一声钻出水面，却发现仅仅几分钟之隔，那只刚才还在猛追自己的北极熊，居然不见了。

北极熊最终还是没能捕获美餐。第二天，它饿死了，肆虐的冰雪很快掩盖了它那庞大的身躯，似乎一切都未曾发生。

很多时候都是这样，我们有速度有力量有决心，但却往往因为没有足够的耐心，只差几秒钟的等待，结果往往要承受比等待惨痛得多的悲哀！

绝境之下也有从容

　　记得多年前，我曾经看过一张照片，是一张逆光的摄影图片，圆形的拱门配方格子玻璃落地窗，窗内有一张精致的方形桌，桌上有两杯咖啡，一杯尚满，一杯已空。

　　夕阳斜照在窗棂上，呈暖暖的橘黄色，远处是欧式的洋房。画外音是：口袋里只有五个便士了，我不喝咖啡，请给我来一份夕阳。

　　看图片的时候，我的心轰然而动，先不要说构图的精致与完美，单单那一份意境，那一份从容与豁达就令我痴迷，如果是我，没有钱了，会不会很慌张？会不会很失落，像一只丧家犬一样，夹着尾巴跑来跑去，忙着找工作，忙着找朋友借钱度过饥荒，怕失业，怕生病，谁还会有闲心看夕阳？

　　跟朋友说起对这幅图片的感受，朋友忍俊不禁地笑了，说，口袋里没有钱，还有心思看夕阳，都说吃饱撑着了才会干这种傻事，怎么没有钱还有心情干这种傻事啊？

我张了张嘴，生生地把想说的话咽了回去，他不是缺乏艺术修养的人，可是他还是用惯常的思维和大多数人的角度去结构这个问题。他不缺钱，多年的奔波操劳，兢兢业业，已经集攒下一份不小的产业，可也不见他放下手里的事情去休闲看书看夕阳，他天天忙着搭理手上的事情，谈合同，签合约，一会儿国内，一会儿国外，忙得脚打后脑勺，因为不能按时进餐，患上了严重的萎缩型胃炎，不过是刚刚进入中年的人，额头上已是沟沟壑壑，两鬓青丝，已早生华发。看见他，我便跟他开玩笑，你的钱多得在仓房里招了耗子，何必呢？拿出点时间，享受一下生活，调整一下身体，岂不比什么都好？

他摇了摇头笑了，说，你不懂，当你看到那个数字一天一天不断的水涨船高，那种幸福感和成就感简直难以言喻。我明白，他说的数字当然是指银行账户上的数字，为了那个数字，他疯狂的工作，像一个工作狂一样没日没夜，为此，妻之说他已经三年没有一起吃回烛光晚餐，儿子则说，父亲从来没有来学校替他开过家长会，后来，妻子爱上了别人，一个肯和她一起看夕阳的人，顺便也把他的儿子带走了，他成了孤家寡人，一个人抱着一堆的钞票欲哭无泪，看见我，他抱怨说，你说我有什么错？我拼命地在外面打拼，不就是为了妻子和孩子能过得好一点吗？我容易吗？看人脸色，饥一顿饱一顿，图什么啊？

我也笑了，说，他图的是那个人能陪她一起看夕阳。他怔住了，呆呆地看着我，看夕阳有那么重要吗？那个男人哪儿比我好？每个月挣那么几张有数的钞票，想去一趟欧洲都得攒好几年，看夕阳，晒月光，风花雪月称斤买，能当饭吃啊？

　　我听了，无言以对，滚滚红尘中，有多少人和他的想法一样？两只眼睛里除了钱，什么都看不到，那是人生唯一的目标，也是人生终极的理想，物质带给他的满足和喜悦远远超越了人间的一切。不言而喻，结果肯定是凄凉的。

　　如果有一天，我失业了，没有钱了，我会不会很从容很镇定，甚至底气很足的对餐馆里的服务员说，我不吃饭了，请给我来一份夕阳。

　　夕阳当然不能吃，只能慢慢欣赏，不太如意的人生，会因为这份夕阳美丽生动起来，惆怅不安的心境会因为这份夕阳温暖舒畅起来，当人生走到绝境的边缘，我们不妨从容对待，洗个澡，美美地睡上一觉，明天之后，一切都会是一个新开始。

/烤鸭的身份证/

前些时，出差到北京，我们一行来到全聚德，欲再次品尝其名声更是日益高涨的烤鸭。烤鸭上来了，正待大家举箸时，服务员却为我们送来了一个银行存折般大小的本本，首先映入眼帘的是一个醒目的编号。

这是什么？面对我们的疑惑，服务员告诉我们，它是这只鸭子的"身份证"，通过它，无论是采取手机短信，声讯电话，还是网络，皆可以查到这只鸭子的原产地及健康状况等。

据说，北京的全聚德、九花山、鸭王等一些驰名中外的烤鸭店，其原料全都是来源于三元集团北京金星鸭业中心。而金星鸭业中心每年的鸭子出栏数一般在 400 万只以上，每一只鸭子都有这位服务员所说的"身份证"，是不是太玄乎了？

有人较上了劲，拿出手机按照服务员所说的方法发出了一条短信，片刻间，手机屏幕上便充满了这只鸭子的有关信息，内容包括雏鸭从哪里来，吃过何种饲料，做过哪些防疫等。

也有人打开手提电脑在网络上搜寻，有关这只鸭子的资讯让人看得更是眼花缭乱：除了手机所显示的信息外，还有饲养基地，饲养员，鸭雏，饲料，兽药，饲养过程，防疫等各个环节的责任人。更让人感到惊讶的是，只要你追溯下去，还可以看到整个生产流程 120 多个关键控制环节相关生产行为的详细文字记录。

大家这才心服口服了。服务员还告诉我们，这是金星鸭业中心提出来的一种全新的管理理念，即孙子兵法中"知己知彼，百战不殆"在鸭业管理中的一种"创造性地运用"。

又是"知己知彼"，又是"创造性运用"！由此不禁让我想到了前段时间去山东聊城。

聊城市东昌府区许营乡是闻名遐迩的西瓜之乡。全乡有一万二千亩西瓜大棚。乡领导告诉我们，这里的西瓜每天用 120 辆 10 吨的卡车不停地往外拉，需一个月才能拉完。

我问："这么多西瓜，就销得出去？"

一位正在大棚中下瓜的瓜农对我说，他今年总共种了 10 亩地的西瓜，有三分之一是为北京人种的，有三分之一是为东北人种的，剩下三分之一是为当地人种的。

见到我们一脸的疑惑，他笑了。他从一个大堆上拿起一个瓜，说："这叫京欣瓜，北京、天津人最喜欢。"他又用手指向远处的另一堆瓜，"那叫'金钟冠龙'，"他的手移了移，"那旁边的一堆叫'黑金刚'，这些属于大瓜类，适应东北人的口味，主供东北市场。另外一种就是'天皇'，'皇冠'，一个个小巧玲珑，黄皮绿瓤或黄皮红瓤，它们是本地人的最爱。"停了一下，他又说，"不过，为了保证各个品种不退化，口味不变异，我们在种子、肥料及土壤等方面没少下功夫。"说到这，他露出了一种农民特有的精明与自信，"你想，我在种瓜前就先把种给谁吃给搞定了，到时还愁没有人要吗？我这也是'知己知彼，百战不殆'在种瓜上创造性地运用吧！"他哈哈笑了，那爽朗的笑声在瓜地上久久回荡着……

　　细细揣摩他们所说的"知己知彼"，我以为这并非孙子的本意——孙子是说靠知己知彼应对那兵不厌诈，波谲云诡的战争局面。而金星鸭业中心，聊城瓜农，却是以最严格的管理，以其独特的方式来最大限度地满足消费者的需要——他们所做的这一切，原来只是为了以其最令人满意的质量取信于消费者，即追求的是一种诚信。

　　如果说在战争中需要兵不厌诈的话，而诚信才是商战"百战不殆"的唯一法宝。这也是他们所说的"创造性地运用""知己知彼，百战不殆"的内涵吧？

苦难不是减法题

一位父亲很为他的孩子苦恼。因为他的儿子已经十五六岁了，可是一点男子气概都没有。于是，父亲去拜访以为禅师，请他训练自己的孩子。

禅师说："你把孩子留在我这边，3 个月以后，我一定可以把他训练成真正的男人。不过，这 3 个月，你不可以来看他。"父亲同意了。

3 个月后，父亲来接孩子。禅师安排孩子和一个空手道教练进行一场比赛，以展示这 3 个月的训练成果。

教练一出手，孩子便应声倒地。他站起来继续迎接挑战，但马上又被打倒，他就又站起来……就这样来来回回一共 16 次。

禅师问父亲："你觉得你孩子的表现够不够男子气概？"

父亲说："我简直羞愧死了！想不到我送他来这里受训 3 个月，

看到的结果是他这么不经打，被人一打就倒。"

禅师说："我很遗憾你只看到表面的胜负。你有没有看到你儿子那种倒下去立刻又站起来的勇气和毅力呢？这才是真正的男子气概啊！"

人的一生要遇到各种各样的磨炼、挑战和考验，在这变幻莫测的人生面前，我们究竟要为自己武装上什么才能够应对以后的风浪与坎坷呢？正如故事中的男孩一样，有强大的内心世界，能够不畏惧倒下又爬起来，这就是足够的男子气概。

"危机"这个名词大概是职场上的人士最忌讳的了吧。1997年的亚洲金融危机不知撼动了多少国家的经济，2008年金融危机又压倒了多少大中小型企业，危机似乎就意味着死亡，或者说是倒闭。可是一些企业，却在危机中站稳脚跟，听他们解释说："危机，危机，是危险也是机遇。"不由得去思考，危机本身只是一个浪头，可是撼动谁，压倒谁，却只是你自己的选择。苦难如果是大海的话，不妨试着去做弄潮儿，在危机中换一种方式生存。苦难是一笔财富，苦难并不意味着永远苦难，人们最出色的工作往往是处于逆境中做出的，思想上的压力甚至肉体上的痛苦，都可能成为精神上的兴奋剂。在苦难面前学会淡然一笑，这也是男子汉气概。

苦难并不可怕，可怕的是你没有认识到苦难本身蕴涵着无尽的契机，如果你认为它是一道减法题，那么答案你已经知道，它将减去你所有的一切，包括生命。如果你认为它是一道加法题，那么演算的结果可能就是一个无穷数。

黑暗是人生的底色

　　时隔多年，那年冬天的寒风依然如同刀片，刮着我稚嫩的脸。2002年，15岁的我在镇里读初三。在一个黄昏将近的傍晚，班主任突然在班里宣布，成绩前十名的同学以后每周日早上七点前到校补课。对于其他尖子生而言，这仅仅是牺牲了睡懒觉的时间，但对于离校40余里路的我来说，这几乎是一个噩耗。

　　那年，我居住在一个叫向阳庄的自然村里。从家到校，得先走五里山路，再走十里机耕路，再坐半小时汽车。从那时开始，每个周日，我的起床时间便被定在凌晨四点。

　　周六晚上，洗漱完毕的我早早上了床。在调好第二天的闹钟后，我钻入被窝，等待睡意的来临。我生怕听不到闹钟声，临睡前再三告诉外婆，一定要在四点前叫我起床。直到外婆满口答应，我才安心躺下。然而，第二天的早起却如同一个怪兽，不停地吞噬着我的睡意。明天能起来吗，我迟到了该怎么办？

我终于在忐忑中入睡，并且在凌晨四点准时起床，下楼的时候，外婆已经烧好早饭。我连忙洗漱，然后坐在小桌子旁狼吞虎咽。至今我才明白，这么早的早餐在我的生命里并不多见。

我扒完饭后，收拾书包准备上学。等待我的，是伸手不见五指的漫漫山路。外婆给我准备火把，她告诉我，不要害怕，她会陪我走完这五里山路。

那或许是我生命里最难忘的场景。外婆举着火把在我前面开路，她时不时低头，检查是不是有火星掉落在路旁的松毛里。我像只柔弱的兔子一般，紧紧跟在她身后。她总是转过头问我，你能看到路吗，你能不能看到脚下的路？

凌晨五点，我终于走完五里山路。上方的天空开始有发白的迹象，冷风忽然在这个时候吹起。外婆在路边生了一堆火，让我烤了烤手后对我说：乖孩子，接下来的路要你自己走了。我乖巧地点了点头，目送她消失在凌晨的山路里，眼泪突然涌了出来。

此时，天际已经发白，我依稀能够辨别出脚下的路。虽然路宽了，并且天色渐明，但没有外婆的陪伴，我忽地孤独了起来。两边是空旷的田野，那些立在田野中央的草垛如同火柴般点燃我内心的恐惧。为了甩掉内心的惊恐，我开始拼命地奔跑。等我跑完一半机耕路的时候，天色终于清明。但为了不错过公共汽车，我依然选择一路狂奔。

在大多数时间里，我总能够按时到校。但碰上雨天，我就没那么幸运了。雨天，天亮的时间比平时整整晚了半个小时，这意味着我要多承受半个小时的黑暗。我实在不清楚，在那一年里，我目睹了多少黑暗，奔跑过多少黑暗的路，也不知道我到底有怎样的勇气，去独自面对那么多的黑暗。

大半年后，我初中毕业，与黑暗为伴的日子终于告一段落。拿到中考成绩的时候，我大哭了一场，我知道，那些黑暗里的奔跑终于有了回报。后来，我上了县里最好的高中，又上了大学。再后来，我当上了一名教师。

多年以后，外婆依然会满脸泪痕地提及那些年的艰辛与不易。我总是笑着安慰她，黑暗已经过去了。

如今回忆起来，那些黑暗给我的勇气，不比我在书中学到的知识少。那些暗色如绸的凌晨如同厚重的颜料，给我人生铺上了坚实的底色。我终于明白，其实苦难是一面镜子，从背面看是灰不溜秋的银液，从正面看却是明净通亮的玻璃。

换个方向，追寻梦想

13岁的麦瑞梦想有一天能做一个出色的医生。

圣诞节这天，她许下心愿，希望能拥有一套完整的人体骨骼模型。爸爸听到女儿的心愿，微笑不语，但到了晚上却变戏法似的拿出了一副被处理过的骨架。这副模型是用金属挂钩把人体的骨骼组装起来的。麦瑞只用了两周时间，就可以把它完全拆卸，然后组装得毫无瑕疵。

她出于对人体的痴迷，总喜欢在手里攥一块白骨揣摩，这让她失去不少朋友。孩子们当中，没有几个人喜欢这种阴森森的东西。

19岁那年，在被霍普金斯医学院录取时，虽然没有实际坐诊经验，但就对疾病的深入研究来说，麦瑞或许不亚于一些在医学院学习了四年的学生。她的特殊，让霍普金斯医学院决定破例允许一个新生提前跟随教授们研究课题，到医学院附属医院去坐诊，学习实际诊断技术与经验。

当有人对此提出异议时，院长说："为什么不呢？既然她已经为到达自己的目标付出了那么多努力，我们不妨让她的速度更快一些。"然而，在一次手术中，麦瑞发现自己竟然晕血。当看到医生的手术刀割开伤口，鲜血涌出时，她四肢冰冷，头晕目眩，还没听清楚医生在喊什么，就昏迷过去了。

麦瑞认为自己不能就此止步。为洗刷耻辱，弥补缺陷，私下里，她在实验室解剖青蛙、白鼠。她戴上墨镜，想通过看不到殷红色的鲜血来缓解自己的紧张。可是，这也失败了。她闻到血腥的味道，仍然会出现晕血的症状。

学校建议，麦瑞转修内科，这不需要与鲜血和手术接触。可是大家都忽略了一点，内科的病号也有咯血等症状。在一次查房时，她再次晕倒，让麦瑞彻底无法把握自己的前途了。她心灰意冷，休学回到家中，常常在卧室里一待就是一天，甚至想过自杀。

难道自己的人生就此完结了吗？她悲哀地想。最疼爱麦瑞的奶奶决定找她谈一谈。一天下午，奶奶拿着从《国家地理》上精心找出的一摞图片，来到麦瑞的卧室。她一张张地把那些美丽的风景展示给麦瑞看。麦瑞不理解奶奶想向自己表达什么。看完最后一张图片后，奶奶抚摩着她的头发，慈爱地说："傻孩子，在这个世界上，人生并不只有一条道，只要愿意，选择适合你的另一条路，你完全可以到达同样美丽，甚至更加美丽的境地。"

看着奶奶温暖的目光，麦瑞哭了起来。

之后，麦瑞重新选择了一所大学就读。毕业后，她在报纸上看到关于芭比娃娃的讨论。集中的意见是，芭比娃娃的身体实在是太僵硬了，能活动的关节不多，眼睛不够大，与大家期待她越来越像真人的愿望相差太远。

　　忽然，麦瑞想起了组成人体的那些骨骼，想起了自己积累的知识。她进入玩具公司，创造性地发明了骨瓷环，让芭比娃娃更接近真实的人体，赋予了芭比娃娃更宽的额头，更大的眼睛，更灵活的各种活动部位。芭比娃娃迅速风靡了全世界。

　　麦瑞无法想象，那个曾经固执的自己如果坚持下去，现在会是什么样子。现在，她确确实实地感觉到了生活中真的不只一条路，有时候换个方向，人生一样很精彩，一样可以到达梦想的顶峰。

加长自己这条线

　　阿姗去一家公司应聘业务员。经过一次面试，两次笔试，最终剩下阿姗和一位男士。人事部经理对他俩说："我们公司只需要一名优秀的业务员，但你们在我们的考核中表现都很好，难分上下，所以公司决定给你们俩一个公平竞争的机会，让你们同时进入试用期。试用期为一个月，谁的业务成绩好谁留下。"

　　阿姗为了战胜对手，整日忙着打电话、发传真、联系客户，甚至同事跟她打招呼她都没时间理会。为了能超过对手，她还把对手用的材料藏了起来，害得对手找了好半天。

　　一个月很快到了，结果被公司留下的却是对手而不是阿姗。阿姗感到惊讶的是，论业务成绩也是对手的好。她不明白，同时也不服气：为什么自己这么努力，还是没超过对手呢？

　　回到家里，父亲看她脸色不好，问她怎么回事，她便把事情的经过说了一下。父亲拿出一支钢笔，在本子上画了一条约六厘米长的线，问："阿姗，你要怎么才能把这线弄短些？"

"擦掉一段不就短了吗？"她说。父亲摇摇头，不准她用橡皮。"把线截成好几段，不就短了吗？"她又说。父亲还是摇摇头，也不准她用刀。"那怎么做呢？"她问。父亲拿起笔，在那条线的下面画了一条更长的线，对她说："现在你再看原来那条线，感觉怎么样？""短了。"她说。

父亲微笑着点点头说："对，增长自己的线，总比抹去、截断对手的线要强。现在你应该明白，为什么没战胜对手了吧？"

/坚持的人笑到最后/

　　克尔曾经是一位不错的新闻记者，他在一家知名的报社当记者，但他觉得做记者体现不了他的人生价值，他需要一个更有挑战性的职业，于是，他选择了广告业务这么一个职业。而后，他辞去现有的工作，在同事和朋友诧异的目光中，来到另外一家报社，当了一个广告业务员。他对自己很有信心，向经理提出不要薪水，只按自己的业绩抽取佣金，经理当然乐意答应他的要求。

　　他从经理手里要了一份客户名单，但这份名单比较奇怪，上面每一个企业都是有实力的企业，但是在这以前，报社去的每一个广告业务员都无功而返。所有的同事都认为那些客户是不可能与他们合作的，但克尔并不这样认为。

　　每次去拜访这些客户前，克尔总是先把自己关在屋里，站在一个大镜子前面，把客户的名称和负责人的名字默念十遍，接着信心十足地说："一个月之内，我们将有一笔大交易。"

坚定的信心成为他成功的催化剂。仅在第一天，就有三个所谓"不可能的"的客户和他签订了合同；到那个星期五，又有两个客户同意买他的广告；一个月后，名单上只有一个名字后面没有打上钩。

第二个月，克尔在拜访新客户的同时，每天早晨，只要拒绝买他的广告的那个客户的商店一开门，他就进去请这个商人做广告，但是每一次这位商人都面无表情地说："不！"可是每一次，当这位商人说"不"时，克尔都不放在心里，然后继续前去拜访，就像拜访新客户一样。

很快又一个月过去了，连续对克尔说了六十天"不"的商人突然有了兴趣与他交谈几句："你已经在我这里浪费了两个月的时间，事实上我什么也没有给你，我现在想知道的是，是什么让你坚持这样做？"

克尔说："我当然不会故意到这里来浪费时间，我是到这里学习的，你就是我的老师，我从你这里学习如何在逆境中坚持，事实上我们都在坚持。"那位商人点点头，对克尔的话深表赞同，他说："其实我不得不承认，我也一直在学习，你也是我的老师。我们都学会了如何坚持，对我来说，这比金钱更加宝贵，为了表示我的感激之情，我决定买你一个广告版面，这是我付给你的学费……而不是……我放弃坚持。"

在商人很有礼貌的"退让"下，名单上最后一个"钉子户"

被拔除了。当他把画满钩的名单交回给经理时,经理顿时站了起来,向这位杰出的广告业务员表示敬意。他说:"以你的能力,不应该继续做一个业务员。所以,我将向社长提议,专门为你成立一个部门。"

第三个月的第一天,以克尔为经理的广告二部成立了,三十多个员工成了克尔的下属。在这里,克尔找到了一个最适合自己发展的全新空间。

当一个目标成为众人追逐的对象时,最能坚持的往往会笑到最后。在人们的生活和事业中,往往会因为缺少这种精神,而与成功擦肩而过。优秀的人总是坦然地面对一时的失利,然后一直坚持到胜利来临。

2

CHAPTER 02

找准自己的位置

一个人拥有一些才能并不难，
难在有一颗平和的心，看得清自己，也看得清别人，
从而为自己找到一个恰当的位置，
而这恰恰是获得成功的最为重要的条件。

九年的厚积

我总会被人问到这样的问题："我签的公司年薪 10 万，15天带薪假，每年奖金 ××。如果我 5 年内做到 ×× 职位，年薪大概 50 万，但是会比较辛苦。另一个公司起薪 5 万，但是每年的涨幅和福利都特别好，加起来也不少，你觉得我该选择哪个呢？"

这是很多人给我出过的选择题，但是好像大多数人都忘记了一句老话"一分耕耘一分收获"。那些看似收获很多的人，他们曾经有过多少艰苦的岁月，大部分人看不到也不愿意去看。

最近特别红的许单单，1982 年出生的安徽农村小子，研究生毕业 5 年，跳槽 3 次，从一名年薪 10 万的互联网公司职员，变成年薪几百万的互联网分析师。2011 年 12 月，他离开了工作两年的顶级中国基金公司加盟美国对冲基金，成为美国对冲基金唯一一位中国雇员。

这样的励志故事听过千百个，但是许单单只说了一句话："人们往往看到光鲜的结果，而不会去想象背后的黑暗中的准备。"

人们爱杜拉拉、爱许单单、爱钱多多，其实爱的就是那个结果，而不是奋斗的历程。只有结果里那个百万年薪、爱情美满的结局，让挣扎在不得志生活里的人心生一朵莲花。但如果只是憧憬一个结果而不去奋斗，别人的故事终究还是别人的，永远和自己产生不了共鸣和交集。而这个过程中的黑暗实在是太漫长了，很多人甚至都不知道如此的付出到底值不值得。所以，大多数人都不愿意去体验这个过程。

人们总是不确定量变的积累何时会发生质变，相反，大家更愿意相信，一夜成名、一夜暴富的传奇会在城市的各个角落不断上演。

不久前我参加了新精英的梦想大会，12个演讲者中，给我印象最深的就是乔小刀。9年前，乔小刀是一个电焊工，在中关村焊接"海龙大厦"四个字，还做过印刷工，在北京流浪，连住的地方都没有，就睡在公司里，晚上搭着盖电脑的大红布。9年后，他拥有乐队主唱、设计师、展览策划人、创意师、手工狂、丝网印刷专家、杂志主编等多重身份。

回来以后我特地去查了他的背景，我发誓他过去的故事绝对是演讲的12个人中最令人崩溃和无法想象的，但他的演讲却是最欢乐、最以苦当歌、最让人泪中有笑的。一个不讲苦情故事的男人才真的让人心生佩服与慨叹。

9年，是一个漫长的过程，用厚积薄发四个字来形容都显得很粗浅。今天的乔小刀在全国办新书签售，走到哪里都被人簇拥着——人们仿佛都想在他身边分享或者沾染一点才华的气息，但其中有多少人给自己一个9年的时光用来蛰伏呢？

电影《亲密敌人》里，徐静蕾问副驾驶座位上的一个小员工："听说你三天没睡觉了？"小员工说："老板，我们这样的人，毕业就百万年薪，出门都有专车，飞机都坐头等舱，我们这样的人三天不睡觉，也不值得同情。"

这是这部电影里一个很细微的片段，但是给我的印象却最为深刻。换个角度想想，那些吃过苦受过累经历过人神共愤的苦难的人，沉寂在日复一日的努力中慢慢往前走的人，有朝一日他们得到什么都是应该的，都是值得的，都是心安理得的，都是值得我们羡慕的。

找准自己的位置

　　卢怀慎是唐朝著名的宰相，他的有名却与一个绰号有关，叫"伴食宰相"，说白了，就是"陪伴吃饭的宰相"。一个一人之下、万人之上的宰相，沦落到只能陪人吃饭的份儿上，不能不令人觉得有些尴尬。

　　说起"伴食宰相"的绰号，还是有些来历的。当时与卢怀慎一同为相的，还有姚崇。姚崇以"善应变成务"著称，能力超强，深得皇帝的信任。卢怀慎自知能力与姚崇差得太远，所以每有政务上的事，都推给姚崇来处理，这倒不是他有多谦虚，而是确实能力不济。

　　有一次，姚崇的一个儿子死了，白发人送黑发人，姚崇很伤心，不得不请了十多天假给儿子办丧事。结果这十几天的时间，政事堆积如山，卢怀慎看着眼前成堆的请示、报告，竟然一件也不能决断，于是自己也感到惶恐了，觉得不是干这事的料，就主动向皇帝请罪，要求免职。玄宗皇帝却没有丝毫怪罪之意，心平气和地说："朕以天下事委姚崇，以卿坐镇雅俗耳。"意思是说，我把天下的政事委托给了姚崇，用你当宰相，是因为你能引领一代风尚啊！

在外人眼中，卢怀慎虽不贪权，却也干不了什么事，难怪要送他"伴食"的称号了，而玄宗皇帝却慧眼独具，看中的是卢怀慎另一样可贵的品质。

卢怀慎生活在开元盛世，那是一个国家非常富足的时代，然而他却生活得很清贫，虽然一直担任高官，但不仅衣服器物上没有用金玉做的豪华装饰，妻子儿女的温饱有时都成了问题，经常要忍饥受寒。原来他挣的俸禄加上皇帝的赏赐并不算少，可他从不以财产为念，总是毫不吝惜地给予亲戚朋友，随有随散，没有一点积蓄。有一次他闹了病，宋和卢从愿二人去看望，见他铺的席子单薄而破旧，大门洞开，连个帘子也没有，恰好外边下起了雨，风将雨吹进窗子，卢怀慎只得举起草席来遮挡自己。三人相谈甚欢，不觉天晚了，卢怀慎邀请他们留下吃晚饭，结果摆上桌的，不要说好酒，饭菜也仅有两盆蒸豆、数碗蔬菜而已，连个肉星儿都没有。

卢怀慎死的时候，家里竟然没有钱给他办丧事，还是玄宗下诏赐给他家织物百段、米粟二百石才将他安葬。有一年玄宗外出打猎，走到城南时，在一片破旧的房舍之间，发现一户人家正在简陋的院子里举行什么仪式，便派人询问，那人回来报告说："那里正在举行卢怀慎死亡周年的祭礼。"经过卢怀慎的墓时，石碑尚未树立，玄宗驻马良久，潸然泪下。于是停止打猎，回去后立刻命令官府为他立碑，玄宗皇帝亲自书写了碑文。

卢怀慎的清正廉洁没人提出过异议，但如果说他只知"伴食"，毫无能力，则是极大的误解。

卢怀慎是滑州灵昌（今河南滑县）人，是范阳的著名家族。他在幼年时器宇不凡，以致他父亲的朋友、时任监察御史的韩思彦预言说："这个孩子的才气不可限量！"大了以后，卢怀慎考中进士，跻身官场，才一步步走到了宰相的高位。卢怀慎最大的能力，恐怕就是见识非凡，善于识人用人，宋、李杰、李朝隐、卢从愿等唐代著名贤臣，就是在他的推荐下而得到重用的。临死前，他曾拉着宋和卢从愿的手说："皇上求得天下大治心切，然而在位时间长了，在勤政方面渐渐有些倦怠，恐怕要有奸恶小人乘机被任用了。你们记住这些话！"他的话不幸被言中，玄宗后期的安史之乱，正是从用人不当开始的。

明代儒学大师李贽评价卢怀慎"当事而让姚崇，身退而荐宋"，是有识贤之能，有让人之量。可见卢怀慎对姚崇的谦让，并不是因为无能。他毫不保留地把聚光灯都集中在了姚崇身上，为了花红，甘当绿叶。有了主角的充分发挥，再加上配角的密切配合，才能演出一幕好戏。正是在他们的共同努力下，才开创了大唐帝国开元盛世的辉煌。卢怀慎最可贵的地方不仅在于他品格高尚，而且在于他有一份自知之明，不嫉妒，不逾越，甘于配角的位置。

一个人拥有一些才能并不难，难在有一颗平和的心，看得清自己，也看得清别人，从而为自己找到一个恰当的位置，而这恰恰是获得成功的最为重要的条件。

/只有想不到/

沙利文是个大商人，他买下了一个倒闭的酒店后，将其改建为——个6层的大卖场。这里位置很好，处在佛罗里达州迈阿密市的黄金地段。

沙利文虽然为修建大卖场背负了两亿的银行贷款，但他相信，随着招商的进行，资金绝对不是问题。不过，他没有料到的是，几家著名厂商都拒绝进驻他的大卖场。

沙利文慌了，如果不赶快解决这个问题，他的资金链就会断裂，面临破产。

他亲自去见几家大厂商的经理，对方的反馈都指向一个致命的问题：他的大卖场公共停车位太少了。如果没有停车的地方，谁会来这里购物呢？

沙利文后悔地直拍自己的脑袋。他怎么早没想到这个问题呢？他的大卖场已经建了一半了，没办法改变了。周边是居民区，他不可能买到附近的地来扩建停车场。原有的停车场又太小，怎么办？

一夜之间，沙利文的头发白了不少。他心事重重地走在街上，茫然地望着四周的建筑，偶然间，他看到公园里有人在演讲，他凑过去，发现是——个宣传少开私家车，多坐公交车的环保组织。沙利文连连点头，如果大家真的少开私家车，自己的问题不就好解决了？

在回去的路上，又有一个环保组织送给他一份宣传材料。这是一个号召人们少坐电梯的环保组织。突然，沙利文的眼睛一亮，他激动地大叫起来，他有了一个绝妙的主意。

他连夜写了一个方案，第二天把这份方案传到了几家大型汽车厂商的邮箱中。很快，就有几个公司对此表现出了浓厚的兴趣，并邀请他进一步洽谈。

不久，保时捷公司与他签订了协议，计划按照他的建议，帮他修建一座极具现代感的超酷停车场。只要这座停车场建成，顾客停车就将不成问题。

2011年底，沙利文的大卖场完工了，保时捷公司在原有停车场位置上建造的空中停车场也建成了。这个超级豪华的空中停车场耗资5.6亿，一共57层，有数百个停车位。整个停车场就像一个蜂巢，到处都可以停车，内部有3个观光电梯，只要把车开到指定位置，一个自动机械手臂就会将车吊起并放进电梯里，按司机的意愿，到达任意指定的楼层后，机械手臂会帮助司机把车停好。在此过程中，司机不需要离开爱车，只需关掉发动机，就可以舒舒服服地坐在汽车里欣赏窗外的风景。从到达电梯停车场到停好车，整个过程不会超过 90 秒。

这座空中停车场被命名为保时捷停车场，上面有闪耀的保时捷公司的标志。由于大厦的外墙是透明玻璃，所以，不光停车场里的顾客可以看到外面的风景，在停车场外的人们也能远远地就看到空中停放的上百辆各种各样的轿车。几乎每一个路过这里的人都会驻足观看，每一个到卖场的顾客都能享受到这种超酷的停车体验。这里也成了一个著名的汽车观赏台，成了当地标志性建筑。

虽然之后当地不少房地产商和其他汽车厂商都想模仿修建这样的停车场，但却不可能了。因为该市市长表示："佛罗里达人应该为这样一座建筑感到骄傲。我们想让这座建筑独一无二，不希望它变得像麦当劳那样到处都是……"也因此，保时捷停车场名气更大了。保时捷公司虽然耗资巨大，并且还要负责日后的维护，但他们觉得很值得。

最开心的当然是沙利文，他不仅顺利地解决了停车场的问题，而且整个过程没有花一分钱。由于保时捷停车场声名远扬，卖场的知名度和人流量也大增，无数记者在采访保时捷停车场时，都无形中给他的大卖场做了大量的免费广告。也因此，他卖场的进驻费也大涨，他再也不用为资金发愁了。

/诚信的资产/

　　朋友阿强在高考落榜后到南方的一个城市去打工。第一份工作是在一家老乡餐厅当服务员，这个工作虽然很普通，让人有点不屑，但是阿强却从中学会了很多道理。

　　最让阿强难忘的一件事是有一位名叫高军的老顾客每天都要来他餐厅吃晚饭，常点一份海带排骨、蛋糕饭加一份空心菜做晚餐。后来，阿强知道了他是一家电器公司的推销员，家在外地。每一次，阿强一看见他向餐厅走来，就会快速地收拾好他常坐的位子，端上他一成不变的晚饭，同时，还送给他一个灿烂的微笑，这是做微务员起码的要求。

　　那时，阿强最大的梦想也是像他老板一样拥有一家自己的餐馆。有一天，他父母来到这座城市探望他，高兴之时，他向父母说起了自己的梦想，并希望他们能出点钱资助他，可是他父母对他说："孩子，我们没有那么多的钱来帮助你。"

第二天，阿强带着郁闷的心情去上班。高军一见他就问："小伙子，怎么了？看你今天愁眉苦脸的，一丝笑容都没有。"阿强真诚地向他讲述了自己的梦想和烦恼，他当时也没说什么。可过了两天，高军居然拿来了一张4万元银行存折，存折里夹有一张便条：这笔钱算我借你的，唯一的抵押是你做人的诚实，好人的梦想应该得到实现。

几年后，阿强的餐厅老板的梦想没有实现，因为他成为一家电器公司的总经理，他一直念念不忘当初高军对自己的信任。在挣到一大笔钱后，他将4万元再加上每年高于银行的利息，归还给了高军。同时他也给高军写了一张感谢的便条：这笔借款是我一生中最难忘最成功的一资投资，它帮助了个无助的少年，成长为一名成功的职业经理人。

信任一个人，其实没什么理由。以有多少信任会带来如此大的收益呢？对阿强而言，这笔用诚信作抵押的资金让人刻骨铭心，使他明白了信用是人生最宝贵的财富。其实，人生之路，你可以失去你所拥有的财富、权力和地位，但是你做人的信用却不会倒。信任是合作的基础，是成功的力量，时刻用诚信滋润你的玲珑芳心灵，她能让你的梦想一路开花，绽放出量美丽的色彩。

将工作做到极致

　　想实现自己的梦想，最重要的条件是什么？成功者们为我们提供了各种各样的答案，有人说是能力，有人说是坚持，还有人说是选择……但不管是哪一条，如果不能将其做到极致，都有可能导致梦想折翼。

　　恒信钻石机构的董事长李厚霖就非常推崇极致的境界。他主张活出人生的极致，并将事情做到极致。不久前，他在企业内部发起了一次极致人物评选活动，评判的标准只有一条，那就是：能不能将工作做到极致。

　　经过历时一年的评选，活动落下了帷幕，最终获奖的 10 名代表，既不是身居要职的公司高层，也不是学历出众的专业精英，但他们却拥有一个共同的特征，那就是将手底的工作做到了极致。

　　一号获奖者曾是一名店员，与其他人不同的是，她在同一家公司工作了11年，从最初的店面统计，到商品管理、核价，最后做到了部门经理。十几年中，不管职场如何躁动不安，也不管外界如何风云变幻，这位员工一直对工作一丝不苟，把职场生涯里最辉煌的一段时光全都献给了同一家公司。对她来说，公司不仅仅是公司，而是一个家，而她对公司的感情，也逐渐转为亲情。就这样，陪伴变成了习惯，慢慢走向了极致。

二号获奖者是位仓库管理员，工作4年间，她从来没有请过假，每次加班总是最后一个离开，同事们问她为什么，她笑着回答："因为仓库钥匙在我手里啊！"这位获奖者还说："你可以没有特殊技能，没有高学历，没有太多生活阅历，没有宽阔的胸怀和眼界，但是对于工作必须拥有高度的责任心和担当。"而她，也的的确确将这一点做到了极致。

三号获奖者的工作原本很轻松，但他却习惯选择处理那些棘手的问题，自己给自己找麻烦。几年内，他没过过一次生日，主动加班的次数却很多，为着公司利益最大化坚守着谈判桌，将自己艰难的选择做到了极致。

四号获奖者擅长坚持。面对那些所有人都觉得不可能的事情，她却坚持一遍又一遍地尝试，从不可能中寻找可能性。她曾为了一条合同条款同合作者沟通了一个月，经常谈事情谈到半夜两三点钟，直到将三部手机的电全都用光。凭借自己不服输的劲头，她拿下了许多知名电影的广告植入权，创造了许多业内奇迹，将坚持做到了极致。

……

　　虽然此次评选的获奖者们各有各的成功秘诀，但却异曲同工地诠释了极致的内涵，将不同的成功品质发挥到了极致。也许我们该谨记，成功的品质多如牛毛，但拥有任何一项都不意味着成功，除非你能将其做到极致。

/卓越是一种态度/

这几年，不管在我的写作内容或在不同场合分享生活经验时，我都喜欢提到"态度"这个东西。其实它是有缘由的。在我这几十年的生命历程中，有过两次和它有关的"刻骨铭心"的痛楚和觉醒经验，因而促使我能以比较深刻的心情去看待它。

第一次是我刚上大学时。记得那天我在台北的街头等公交车去上学，站在我身旁的是一位金发碧眼的年轻男老外，估量是来我们学校的交换学生或是来学中文的。等车的时间有点长，这位老外可能为了打发时间，因此转头问我读的是哪个科系？由于还不太有经验和老外直接对话，我当时紧张得完全记不得我念的科系的英文该怎么说，因此结结巴巴地答不上来。

没有想到就在我满脸通红、结结巴巴的过程中，那个（没素质的）老外居然就用十分鄙夷的眼光和脸色斜眼看着我，并冷冷地撂下一句话：你确定你是大学生？！然后就撇过头去，再也不瞧我一眼！

从那天之后，我就发誓要好好地把英文口语学好。但那时我还没有领悟并学到"态度"。

第二次的惨痛经验是在巴黎。

为了省下地铁钱，我在巴黎时每天都背着大大的书包走三站地往返于学校和住处之间。通往学校的路上，有一间十分精致美丽的服装店，每天"瞻仰"那家服装店漂亮的橱窗和里面所陈列的衣服，是当时手头拮据穷学生的我的一个小小的虚荣梦想。

有天早上上学时，我快乐地发现这家服装店挂出了换季打三～五折的告示，当时就想，嗯，也许下课回来的路上可以进去看看（此前虽然每天经过，可我从来没敢走进去过）。

当天下午四点左右，我终于走进了这间美丽的小店。小店里除了左右两排吊挂的衣服之外，小小的店中央还摆了两个堆满衣服的推车，许多法国女人已经在那里挑选并试穿衣服。我怯怯地走近推车、怯怯地看看价格吊牌、怯怯地拿起一条长裤，并怯怯地询问店员我是否能试穿？

当时那条长裤并不合身，我因此又拿了另外一条，可惜还是不合身，就在我伸手从推车里准备拿第三条长裤时，当着众人的面，那位（没素质的）法国女售货员竟挡住了我的手，冷冷地说：你不可以再试穿了！

我当时只觉得全身的血液都冲到了脸上，全身因羞辱而轻微地颤抖，在一阵晕眩中，我慌乱地拿起收银台边挂着的一串项链，几乎是以"玉石俱焚"的心情，花了120元法郎买下了它，然后几乎是脚不着地地逃离了商店。（我为自尊所付出的代价是：连续两个星期只吃得起干干的法棍面包！而那串铭记着羞辱、依照当时物价所费不赀的项链，早就被我潜意识地给丢失了！）

满带着受伤和羞辱的心情离开了那家商店之后，灰蒙蒙的天空正下着毛毛细雨，在我一路跑回住处的路上，和着雨水，我的脸早已被泪水完全浸湿。

当天晚上，心情稍微平复之后，我躺在床上强迫自己回想下午的过程，强迫自己找出问题的原因：为什么别人都可以一再试穿，而我却不能？为什么她敢用这种态度来对待我？

最后，我明白了！因为是我"允许"她这么对待我！因为我的态度、我的神情、我的举止，告诉她："你可以欺负我！"

从这件事情之后，我从疼痛中学会相信自己和肯定自己的重要，也了解在平衡的人际关系中得先学会取悦自己再取悦别人。此外，从我所受到的羞辱里，我也学会了如何更宽厚待人和更柔软温和，因为我知道态度决定高度，它不仅仅传递了你将怎么对待你周围的人，也传递了希望周围的人如何对待你。

卓越是一种态度。

大师的经验

　　北宋政治家和史学家司马光根据自己的读书治学经历，总结了一条经验，叫："用力多者收功远。"

　　司马光自幼勤奋好学，由于他自觉得记忆力不足，所以他读书时格外用功。平日，教他们的老先生每次讲完课后，都要让学生们温习功课。别的孩子读几遍就合上了书本，出外玩了。而司马光则不然，总要一个人留在教室里，放下窗帘，一遍又一遍地琅琅诵读课文，反复思考揣摩，直到深刻地领会了文章的意思方肯罢休。司马光做官后，尽管公务繁忙，还能利用点滴时间多读深思。即使在去一些地方视察途中，他也坚持在马背上背诵诗文。他通过长期的刻苦攻读和乐于思考，终于成了一位学富五车、著述颇丰的大家。

　　不仅如此。而且他笔下的《资治通鉴》也是他总结的这条经验的明证。《资治通鉴》是一部规模宏大的编年史。此书不仅在过去的一千多年起过很好的作用，而且在今天依然不失它的史学价值，即使将来，它也会熠熠生辉。

杜甫有言："语不惊人死不休。"杜甫也是个乐于"用力多者"，因此，他所写的诗分外的好，能成为"诗史"，能留存千古。正如有人所赞颂的那样："李杜文章在，光焰万丈长"。贾岛用诗表达自己写作的心迹："为求一字稳，耐得半宵寒"；"二句三年得，一吟双泪流"。杜牧说到他写诗的心态，那就是："苦心为诗，唯求高约有"。不难看出，他们也是乐于"用力多者"。正因为如此，所以他们能留下千古传诵的优秀诗篇。

我国著名画家吴冠中先生曾对他人说："我的每一幅画，都像我的亲骨肉一样，都是十月怀胎，都是养育出来，全都饱含着我的真情实感和心血。"事实也正是如此。他在91岁高龄的某一天，要创作一幅丈二的《高粱》，清晨6点进去，没喝一口水，没吃一点东西，一干就是8个小时。吴冠中有个习惯，他作画时，是绝对不允许别人进去打扰他的。知情的老伴心疼他，给他端去了一杯水。结果，吴冠中生气地把水打翻在地。画完后，他立即向老伴道歉："对不起了，当时我画得太投入了，根本不想到喝水。"

20世纪七八十年代，人们的生活还存在诸多不便。朋友、邻居们经常帮吴冠中干些买煤扛煤气罐之类的活。吴冠中就拿画谢人家。当时画得比较随意。后来，他对这些随意的画颇有悔意。他不是画张好的送去换回原画，就是花点钱给人家把原画买回来。

把这些画弄回来后，他就立即撕毁了。吴冠中还有两次烧画的事：一次发生在 1966 年，他把自己回国后画的几百幅作品付之一炬；另一次发生在 1991 年，他把自己十多年来的不满意的作品集中起来，一下子就烧毁了 200 多幅作品。他对人说："我这样做，并不是要维护自己的什么名声，而是要为后人负责，要把真正的艺术留飨后人。"

吴冠中先生作画，力求精品，讲究创新。在他心目中，粗制滥造、失去了创新的态度，那样就"笔墨等于零。"他用心、用功、毫不苟且的作画心态，使他作出的画价值连城，凡收藏者，无一人不想收藏到他的画。毋庸讳言，吴冠中先生的画和人品都会光耀千秋万代的。

"用力多者收功远"，历来如此。"没有超人的付出，就没有超人的成绩。"

赢过命运并不难

一位电台主持人在自己的职业生涯中遭遇了18次辞退。她的主持风格曾被人贬得一文不值。

最早的时候,她想到美国大陆无线电台工作。但是,电台负责人认为她是一个女性,不能吸引听众,拒绝了她。

她来到了波多黎各,希望自己有个好运气。但是她不懂西班牙语,为了熟练语言,她花了3年的时间。在波多黎各的日子,她最重要的一次采访,只是有一家通讯社委托她到多米尼加共和国去采访暴乱,连差旅费也是自己出的。在以后的几年里,她不停地工作,不停地被人辞退,有些电台甚至指责她根本不懂什么叫主持。

1981年,她来到了纽约一家电台,但是很快被告知,她跟不上这个时代。为此她失业了1年多。

有一次，她向一位国家广播公司的职员推销她的倾谈节目策划，得到他的首肯，但是那个人后来离开了广播公司。她再向另外一位职员推销她的策划，不久后，这位职员突然对此不感兴趣。她找到第三位职员，此人虽然同意了，但他却不同意搞倾谈节目，而是让她搞一个政治主题节目。她对政治一窍不通，但是她不想失去这份工作，于是她"恶补"政治知识。

1982年夏天，她主持的以政治为内容的节目开播了，凭着她娴熟的主持技巧和平易近人的风格，让听众打进电话讨论国家的政治活动，包括总统人选。这在美国的电台史上是破先例的。她几乎在一夜之间成名，她的节目成为全美最受欢迎的政治节目。

她就是莎莉·拉斐尔。现在在她的身份是美国一家自办电视台节目主持人，曾经两度获全美主持人大奖，每天有800万观众收看她主持的节目。

在美国的传媒界，她就是 ·座金矿，她无论到哪家电视台、电台，都会带来巨额的收益。莎莉·拉斐尔说："在那段时间里，平均每一年半，我就被人辞退1次，有些时候，我认为我这辈子完了。但我相信，上帝只掌握了我的一半，我越努力，我手中掌握的这一半就越大，我相信终会有一天，我会赢了命运。"赢过命运并不难，无论何时，你都要坚信：你弱时它就强，你强时它就弱。

做一只发光的萤火虫

这么多年来，我一直佩服着那个穷困潦倒的书生，为了赢得一抹光亮，他不惜凿开自己的墙壁，一道光束射过来，他仿佛收获到了坚强的信念，展开书卷，让目光在自己梦想的图纸奔跑。

相反，如果他只懂得呆在漆黑的房间里，没有光芒，只会心盲，长此以往，意志会消沉，进取心会萎靡，斗志会偃息，前路大雾弥漫。在这样的境遇里，人会越发胆小，小成一粒秕谷，只有给自己的生命粮仓招致"鼠患"的可能。

一束光，就是一束希望，我们把一束束光搜集捆绑，集合成信念的花束，送给未来的自己，以照亮生命的前路。

佛法无边，无边到足以让佛的身后也可以有光，人没有佛的能量，但是，也可以通过给自己的信念点灯，双腿如奔，在自己生命的田畴上，耕耘出属于自己的光束。

其实，每个人都是发光体，每个人都有自己的光源，这光源在我们心里。每个人都是自己的佛，每个人的头顶都有一轮辉煌的太阳，如果你恰巧处在阴影里，不妨动起来，移步换影，瞬间你又可以重回到光亮里。

有这样一句话是关于萤火虫的——只有在振翅的时候，才能发出光芒。这就要求我们动起来，让自己的心灵展翅，让自己的梦想翱翔，让自己生命的琴弦在撩拨里响动乐章，让自己梦想的嗓音在歌唱里彰显嘹亮！

生命中不可避免地会出现"冰天雪地"，我们要学会运动，最怕的是不推不动，坐吃山空，最终，身体和心灵都会给残酷的现实冰封。

要自己发光，不要等别人来磨光，漫长而消极的等待中，往往会锈蚀了我们的心灵，如果生命再次需要我们斩棘披荆，没有了刀，只有挨打的可能。

生命中，需要"不发光，就发慌"的危机感。在心灵的原野里，晴天丽日里，我们不妨做一只蝴蝶，在万千花心扇动自己斑斓的翅膀，漆黑的夜幕里，我们不妨化身一只萤火虫，扇动翅膀，也前路照彻得明亮！

生命是一场检阅，在这场检阅里，光芒是你唯一的通行证，你不发光，你就遭殃，你若发光，你就吃香。

动起来，生命才能更精彩；偏安一隅，周遭的草木也会讥笑你是吃货蠢材！

老年人的智慧

年轻人羡慕别人，老年人羡慕自己。这差不多是一个通例。

我过去说过，现在的人不愿意当自己，都想当别人，粉丝实际上是由一帮想当某个人的团体组织。他们恨不能跟自己的偶像嫁接一体，或者成为他们的一部分，伴其左右，共度朝夕。锅里的饭比碗里的香，那山总比这山高，这一番心情古已有之。现代的传媒强化了这一种价值观。各行各业的明星通过传媒加大了大众的自卑感，生出脱离皮囊追偶像而去的仙人之念，尽管偶像们也是皮囊裹身，没什么仙气，最多替药品代言。美容与整容更是自我厌倦的表现，明目张胆当别人，当一个自己都不认识但好看的人。古人给父母写信，自称"不肖子"。肖者像也，不肖即不像，谦称自己跟父母比起来差得太远。整过容的人离父母更远，姓相近，貌相远，相当远。

人不像点谁，都感到寂寞。消费催生了民众的集体表演欲望，服饰发式相貌朝商品社会提供的样本看齐，然后整瘪钱包。这是与 DNA 的生死决战。

老年人不再羡慕别人，多大的明星都成不了他们的偶像。老年人考虑得更多是活，而不关心活的花样。能活着已经很好，为什么要像别人那样活？老年人像柿子秧、茄子秧一样知道植物与水土光照的关系，不想变成豆腐秧或肉秧。一人一体，一人一道，是老人对生的体悟。他们羡慕过去的"我"。看过去的照片，老人崇拜自己年轻时候的力量、干劲、勇气和满头乌发。如果问他们想当什么人，老年人的回答一定是当过去的自己。人老了，甚至弄不清自己年轻时有那么大的力气，能吃那么多的饭，为什么酣睡不醒？这些一般人不屑讨论的问题成了老年人神游化外的课题。一切源于年轻，一切都没人替他回答。所有人对自己经历过的事情都会产生陌生感与敬畏心，世界在他们眼里越发不可理解。科学、哲学在许多细小的事物上发射出光芒，就像当年曾在儿童眼前放射过一样。老年人越来越想当自己，通过自己来探究整个宇宙。年轻人还在忙着当别人，远离自己。丰子恺说：天下事往往如此。

走向太阳

　　小的时候，我们最猜不透的是太阳。那么一个圆盘，又红又亮，悬在空中，是什么绳儿系着它呢？它出来，天就亮了；它回去，天就黑了。庄稼离不了它，树木离不了它，花花草草也离不了它。我们想，有一天要是能到太阳上去，那里一定什么都是红的、光亮的。想得痴了，就去缠着奶奶讲太阳的故事。

　　"奶奶，太阳住在什么地方呀？"

　　"住在金山上吧。"

　　"去太阳上有路吗？"

　　"当然有的。"

　　"啊，那怎么走呀？"

　　奶奶笑着，想了想，拉着我们走到门前的那块园地上，说："咱们一块儿来种园吧，你们每人种下你们喜爱的种子，以后就什么都知道了。"

到了园地，我们松土、施肥、播种……十天后，种子果然发芽了，先是一个嫩黄尖儿，接着就分开两个小瓣，像张开的一个小嘴儿。奶奶就让我们五天测一次苗儿的高度，插根标记棍儿，有趣极了。那苗儿长得挺快，标记棍儿竟一连插了几根，一次比一次长出一大截来；一个月后，插到第六根，苗儿就相对生叶，直噌噌长得老高了。

可是，太阳路的事，却没有一点迹象。我们又问起奶奶，她笑了："苗儿不是正在路上走着吗？"这让我们懵住了。

"傻孩子！"奶奶说，"苗儿五天一测，一测一个高度，这一个高度，就是一个台阶；顺着这台阶上去，不是就可以走到太阳上去了吗？"

我们大吃一惊，原来这每一棵草呀、树呀，就是一条去太阳的路吗？这通往太阳的路，满世界看不见，却到处都存在着啊！

奶奶问我们："这路怎么样呢？"

妹妹说："这路太陡了。"

弟弟说："这路太长了。"

我说："这路没有谁能走到头的。"

奶奶说："是的，太阳路是陡峭的台阶，而且十分漫长，要走，就得用整个生命去攀登。世上凡是有生命的东西，都在这么走着，有的走得高，有的走得低，或许全会在半路上死去。但是，正是在这种攀登中，是庄稼的，才能结出果实；是树木的，才能长成材料。"我们静静地听着，站在暖和的太阳下，看着每一条路和在每一条路上攀登的生命。

"那我们呢？"我说，"我们怎么走呢？"

奶奶说："人的一辈子也是一条陡峭的台阶路，需要拼全部的力气去走。你们现在还小，将来要做一个有用的人，就得多爬几个这样的台阶，虽然艰难，但毕竟是一条向太阳愈走愈近的光明的路。"

浅水处的金鳞

不久前，由林心如导演的电视剧《倾世皇妃》在荧屏上热播，获得了观众们如潮的好评。而让人没有想到的是，这部宫廷剧居然改编自一个"90后"女孩儿的小说，这个女孩儿叫吴静玉，笔名慕容湮儿，来自江西的东乡小镇。虽然年仅 21 岁，但她已经跻身当红网络作家之列，3 年内写出了 200 万字，出版了多部畅销小说。

年少成名的经历给吴静玉带来了不少光环，许多人都称她为天才写手。但吴静玉的写作生涯却不是"天才"二字所能概括的，比天分更重要的，是她能将自己喜欢做的事坚持下来，并将其做到了极致。

自年少时起，吴静玉就有着浓厚的古风情节，总幻想着自己化身为旧时的一位仕女，云髻峨峨，珠花翠钿，在桃花初绽的时节里挥着长袖舞蹈，或是同女伴们一起月下吟诗，园中品茗。随着年龄的增长，许多人早已忘却幼时的梦想，但日益安静懂事的吴静玉却始终珍藏着自己的宛妙梦想。读书时她最爱宋词，常常一遍遍去吟诵那些悠长清婉的句子，用心去品读其中的韵味。在周围的同学还在为写作文而烦恼的时候，吴静玉已经迫不及待地执起笔，试着写起了小说。读高一时，吴静玉完成了第一部真正意义上的小说，而这篇叫做《倾城舞》的小说一问世就在同学中争相传阅，许多人还在小说的后面写下了自己的评语。这让吴静玉备受鼓舞，也对写作这条路充满了信心。

但对文字的沉迷影响了吴静玉的课业成绩，她的理科成绩挂起了红灯，变得惨不忍睹。这让吴妈妈十分恼怒，她撕毁了吴静玉的作品，没收了她的课外书，勒令女儿安心学习。但吴静玉依旧痴心不改，一个本子一支笔背着母亲悄悄写下去，并乐此不疲。

高考时吴静玉勉强考上了一所电力大专，毕业后进入了县城的电力部门，成为了一名普通员工。生活仿佛就要从此尘埃落定，但吴静玉的日子却因为一直有写作的相伴显得并不寂寞。几年来与文字不离不弃的日子让她深感充实，也体味到了无穷乐趣。所以，虽然参加了工作，吴静玉还是坚持白天上班晚上写作，充分发挥想象力编织着自己的文学梦。

2008年11月，吴静玉正式在新浪网上刊登连载小说。做网络写手的收入少得可怜，有时码足1万字也未必能赚足百元。但这并没有影响吴静玉的写作热情，因为对她来说，写下去为的只是自己的心，更何况粉丝们还给予了她热烈的支持。

　　同许多纯粹为了商业目的而码字的网络写手不同，吴静玉写起小说来相当用心，也十分入境。情到深处，她已完全融入了故事情节中，分不清自己是书写者还是参与者，常常哭到无法下床。故而她的作品读起来总是情真意切，别具一种感人心魄的魅力。这也使得她的作品能从泛滥的宫廷戏中脱颖而出，引起了林心如工作室的注意。

　　因为勤奋努力，吴静玉在短短几年内出版了几本畅销书，且本本热卖。加上《倾世皇妃》被制片方看中后所带来的酬劳，吴静玉的收入相当丰厚，亦有许多出版社向她抛出了橄榄枝，名利双收的机会近在咫尺。但吴静玉却拒绝了出版社请她辞职写作，当专职作家的要求，因为在她看来，成为了职业写手，写作就变成了生计，变成了包袱，如此便没办法纵笔自如，无拘无束地写自己所想。

　　如今吴静玉依然生活在她的小城，做着原来的工作，过着平淡的生活，一如既往地保持着每天 7000 字的频率笔耕不辍……在她看来，这样的生活并无遗憾，也完全不需要去抱怨平台太小，因为浅处无妨有卧龙，若是一尾金鳞，风云际会时总有纵身跃起的那一刻。

/夸人的艺术/

一次在北京洗头，普通标价是 10 元钱，但那次我花了 25 元。我进店后往椅子上一坐，一个小姑娘过来了。她不问我用什么洗发水，而是说："你这个衣服很好看，我男朋友身材跟你差不多，你穿这么好看，在哪儿买的？"我告诉她在哪儿买的，多少钱，什么牌子，聊天的过程中，她拿出了一瓶洗发水问："你用这个？"我正在兴头上，就没反对："好用就用呗。"

洗完了结账，25 元。我问为什么，她说这款洗发水是去屑的，还有保养功能，10 元变成了 25 元。如果我往椅子上一坐，她就说你用这个洗发水吧，我一定会问：这是什么洗发水？有什么功效？多少钱？

为什么我忘记问了？因为她用赞美不知不觉化解了我的戒心。

顾客高兴了，你的机会就来了。

赞美什么？顾客的衣着、发型、携带的包、跟着的孩子等等。

在一个地板专卖店里，我遇到一个成交高手。店面里展示地板大多是立在墙上，顾客进店一般是先看外观，看到中意的就伸手去摸。这时，销售高手马上搭上一句："哎呀，你的手保养得真好。"

注意她的用词，是"手保养得真好"，不是手真好看与漂亮之类。手有美丑，如果你硬说丑的手漂亮，那就太假。赞美有个前提，那就是真诚，建立在事实基础之上。一般导购看到顾客伸手摸地板了，马上开始说这是采用什么材质的木头、厚度多少、环保等级是多少等。高手与普通者一比较，就明白高手高在哪里。

赞美不是拍马屁，而是把对方的优点讲出来，要有事实根据，表现真诚。

赞美的另一种方式是羡慕。比如，一对男女顾客过来买手机，你可以说："真羡慕你，你老公专门陪你来买手机。你真幸福！"顾客说自家房子有180平方米，你可以说："真羡慕你，住这么大的房子，没有一点压抑感。"

羡慕是对顾客的事实给予共鸣。180平方米，是个事实，你加上对这个事实的看法，就会和顾客产生共鸣。有了共鸣的铺垫，后面的沟通就容易达成共识。

关心是情感开场的另一种方式。顾客其实不是上帝，他们是你的亲戚，上帝来了你手足无措，亲戚来了你会嘘寒问暖。

城市越来越大，职业化的人见得越来越多，就是亲戚越来越少了。如果你把顾客当做亲戚一样关心，顾客就会把你当做亲戚一样信任，挑衅、刁难、纠缠都不会存在，成交会变得丝滑般自然。

一颗螺丝钉

毕业后，他很幸运地应聘进了深圳一家日企打工。他十分珍惜这个工作机会，做人做事都很用心。一年来，由于他工作认真、踏实，多次获得晋升。公司决定选派他赴日本总公司"研修"，进一步学习技术知识，提升技术和管理水平。

来到日本，他被安排到总公司旗下的一家工厂一线进行实习。车间里，带他实习的是位50多岁的老师傅，名叫松本，不仅待人真诚，传授技术也很尽心，只要是需要学习的技术问题，都会毫无保留热心施教于他。而且，松本做事非常认真细致，一丝不苟，不允许自己犯哪怕一丁点儿错误，对他这个实习生要求也很严格。

有一次维修机器时，一颗螺丝钉不见了，怎么找也找不到。他当时并未往心里去，按照一贯想法，找不到就再领一颗，这并不是什么要紧的事情。但松本不这么看，他费力地弓下身子，开始一遍遍地寻找，最后把维护机器的每一个细节都梳理了一遍，却仍未找到那颗螺丝钉的下落。

这时候，下班的时间到了。他提醒师傅该下班了，哪知松本嗔责地望了他一眼，宣布要加班。干了一天活，两人都已经疲惫不堪了，可松本却为寻找一颗丢失的螺丝钉而加班！这是不是有点小题大做了？但他不好作声，只得默默地陪着松本师傅继续寻找。最后，他们终于在机器下面找到了那颗螺丝钉。松本将它安装到位，又将机器反复调试后确认没有任何问题，这才长吁一口气，宣布下班。

这颗小小的螺丝钉，给他的实习生涯烙上一记难以磨灭的印记。后来他了解到，为了赶工期，按时完成产品生产任务，松本经常会主动放弃休息，每天至少加班两个小时。就像这次的寻找螺丝钉事件，多么凡常的一件小事，却让他从中领悟到了一种非同寻常的意义。其实松本只是厂子里数千名员工当中最最普通的一员，已在普通的岗位上工作了 25 年之久。但松本身上折射出来的这种尽职尽责的工作精神，让他感到自己在日本总公司的"研修"很有价值。

几个月后，当他"研修"结束从日本归来，回到自己的母校向新生做就业报告时，忍不住向大家深情地讲述了"一颗螺丝钉"的故事。他激动地说，诚然，在庞大的企业里，每位员工只是一颗渺小的螺丝钉，是很不起眼的。但是，一颗敬业的螺丝钉，又是不可或缺的，无论放到哪里都会闪光，都能体现它自身的价值。

/一辈子画好一张虎/

　　黎明的第一束阳光出来了，透过车窗向外面看去，远方是一座晚清时代十分繁华的小镇。坐在我身边的是一位擅长画虎的画家，这次与他结伴，就是想去眼前的那座小镇，看望一位熟悉的艺人。

　　我们日夜兼程，期望在雄鸡鸣叫前抵达那座小镇，走过一排未开门的商户，然后去那个熟悉小巷子的那间古典小屋——老艺人就住那儿。这位老艺人姓王，早年干过木匠活计，也是出名的泥瓦师傅，还开过画店，后来经营建材赚了大钱，他是小镇上改革开放初期的第一个富翁。可是，现在老匠人什么事情都不做了，他把所有财产分成三份，一份留给了儿女，另两份捐建了学校和敬老院，自己过起了闲云野鹤般的生活。

　　画家说，一般人去见他都要赶早，去迟了，他不知道躲到哪儿画画、钓鱼、下棋，或者到乡村野地寻找灵感。我们去得虽然早，但还是没有见到他。其实对王老艺人，我比画家熟悉得并不晚。在我的印象中，那个有点秃头的人，胖胖高大的身子很臃肿很猥琐的样子，早年整天是一身泥灰地走在大街小巷，后来他最早在小镇开店，生意做了二十多年，赚了很多钱。当时，对于名噪古镇的他，我的第一记忆里，他只是个会赚钱的市井暴发户。

看老匠人是我们的突发奇想，是与画家一夜未眠的交谈之后做出的决定。

那个不眠夜晚，我看了画家多年来保存自己所有的画虎的作品，有精美的工笔画虎、钢笔画虎和墨笔画虎，其中有一张墨笔画虎让我眼睛一亮，那幅画中透露出来的虎趣之美完全震撼了我，我从中欣赏出虎之霸气中的温柔，看到了虎之雄性中的安详，感觉到虎之灵动中的亲切，那张虎画得不只是栩栩如生能够形容的，那是一张弥漫艺术气息的情韵之作。

画家坦然地告诉我，指教他画虎的第一个老师就是王老艺人，因为三十年前他指导少年时代的画家时说，在更久以前他小的时候，曾经在一座教堂里看见过一位白发老艺人画的墨笔虎——虎的每一根毛都逼真、生动，而且让他一生难忘。那时，那位白发老艺人在画台上摆出五个盛着清水的杯子，然后在五个杯子中调制出五种浓淡渐次的墨汁水韵，杯中流动的墨色线条充满画意动感。白发老艺人说，他一辈子都在画虎，而且每次画虎都是从这五杯清水墨韵中领悟到虎趣、生机和变幻，从中找到心灵画虎的笔法。

　　画家听了王老艺人的话后，坚持三十多年画出了几百万张虎，画每张虎时他都在桌上摆五杯清水，然后调出浓淡渐次的墨汁水韵，他说一辈子只画好一张虎那就是他最大的幸福了。

　　阳光已经照在了我们头顶，面对王老艺人的那间古典老屋，我们默然无语。我想，曾经记忆中的市侩老匠人，其实是一个境界高远的老艺人，他无论建造房屋、经营商业，还是做人论道，都像他对绘画艺术所倾注的感情一样真诚，有着独特的精神品位和艺人修养，在我们这个国度里，正是有无数个像王老艺人一样平常的艺人，有了他们艺人灵魂的高度，才有了我们文化和文明的高度！

3

CHAPTER 03
不为自己找借口

一个成功者，
从不会为自己的不作为寻找借口，
也从不会对自己说，
不用着急，以后有的是机会。

/做最容易的事情/

在纽约的第五大道，有一家复印机制造公司，他们需要招聘一位优秀的推销员，老板从数十位应聘者中初选出三位进行下一步的考核，其中包括来自费城的年轻姑娘安妮。

老板给他们一天的时间，让他们在这一天时间里尽情地展现自己的能力。可是，什么事情才最能体现出自己的能力呢？走出公司后，这几位推销员商量开了。一位说："把产品卖给不需要的人！这最能体现能力了，我决定去找一位农夫，向他推销复印机！"

"这个主意太棒了！那我就去找一位渔民，把我的复印机卖给他！"另一位应聘者兴奋地说。出发前，他们叫安妮一起去，安妮考虑了一下说："我觉得那些事情太难了，我还是选择做容易点的事情吧！"

第二天一早，老板再次在办公室里召见了这三位应聘者："你们都做了什么最能体现能力的事？"

"我花了一天时间，死缠烂打，终于把一台复印机卖给了一位农夫！"一位应聘者得意地说："要知道，农夫根本不需要复印机来工作，我却能使他买下一台产品！"

老板点点头，没说什么。

"我用了两个小时跑到郊外的哈得孙河边，又花了一个小时找到一位渔民，接着我又足足花了四个小时，费尽口舌，终于在太阳即将落山时说服他买下了一台复印机！"另一位应聘者同样得意洋洋地说："事实上，他根本就用不到复印机，但是他买下了！"

老板仍是点点头，接着他扭头问安妮："那么你呢？小姑娘，你又把产品卖给了什么人，是一位系着围裙的家庭主妇？还是一位正在遛狗的阔夫人？"

"不！我把产品卖给了三位电器经营商！"安妮说着，从文件包里掏出几份文件来递给老板说："我在半天里拜访了三家经营商，并且签回了三张订单，总共是600台复印机！"

老板喜出望外地拿起订单看了看，然后他宣布录用安妮。这时，另两名应聘者不服气地提出了抗议，他们觉得卖给电器经营商丝毫没有什么可奇怪的，他们本来就需要这些产品，这也根本体现不出安妮有任何能力，他们认为安妮的能力根本无法与他们相提并论。

"我想你们对于能力的概念有些误解！能力不是指用更多的

时间，去完成一件最不可思议的事，而是用最短的时间，完成更多最容易的事！你们认为花一天的时间把一台复印机卖给农夫或渔民，和用半天时间把 600 台复印机卖给三位经营商比起来，谁更有能力，又是谁对公司的贡献更大？"老板接着严肃地说："让农夫和渔民买下复印机，我甚至怀疑你们是不是花言巧语地胡乱吹嘘了许多复印机的功能！如果是这样的话，我必须要提醒你们，这是一个推销员的最大禁忌！"

　　说完这番话以后，老板告诉他们在录用人选上，他不会改变自己的主意！在日后的工作中，安妮一直都秉承一条原则：把所有的精力都用来做最容易成功的事情！不去做那些听上去很悬乎，但对公司却没什么帮助的事情。多年后，安妮创下了年销售 200 万台的世界纪录，至今无人能破！

　　2001 年，安妮不仅被美国《财富》杂志评为 "20 世纪全球最伟大的百位推销员之一（也是其中惟一的一位女性）"，而且还被推选为这家复印机制造公司的首席执行官，一任就是十年！她就是在前不久刚刚宣布退休的全球最大复印机制造商——美国施乐公司的前总裁安妮·穆尔卡希，安妮在自己的回忆录《我这样成功》中写道：真正的脚踏实地，不是追求不切实际的目标，而是认真勤奋地做好眼前的事。我的成功就是用最短的时间，做更多最容易的事情！

作为凡人，唯有善待他人

传说，在古印度，有一个极为专横的国王。有一天，国王忽然想要新造一个皇宫。工匠的头目禀告国王说，若要把宫殿修建得坚实而华丽，必须选用一棵千年老树做材料。于是，国王传令下去，无论如何，也要寻得这样一棵老树。

在茂密的原始森林，国王的使臣果然找到了一棵千年老树。这棵参天大树，气宇轩昂地屹立在众树之间。使臣前来禀报国王，说他们找到了一棵大树，只是那树年代久远，砍了会不会太可惜。

国王才不管那么多，当下命令工匠，翌日就去伐树。然而，那毕竟是一棵千年老树，它已经吸纳了天地之灵气，化作一个树中精灵。当天夜里，趁国王熟睡之际，老树走进了他的梦里，恳求国王手下留情，别让它千年修行，毁于一旦。

"既然你有千年的道行，我就更要砍你来修建宫殿了。要知道，你不过是一棵树！"国王傲慢地说。老树一声叹息，说："唉，我老也老了，死了也就罢了。只是陛下，您能不能在砍伐我的时候，别从根部下斧，您让人从我头上往下砍吧。"

国王大为不解："从上往下伐你，岂不使你肢体寸断，更为痛苦？哪有从根部砍了你干脆？"

"陛下，从上往下伐我自然倍加痛苦，可您瞧我，这般高大，若从根部伐了我，倒下之时，势必压死压伤无数小树。请陛下成全我吧。"

国王一觉醒来，顿感羞愧难当。他收回了砍伐大树的命令，并放弃了修筑宫殿。打那以后，那国王善待于民……

这个故事渗透着佛学中一种叫禅宗的境界：即使身处险境，仍悲悯于苍生的冷暖与苦弱。其实，这也可以是一种人生的修为：作为凡人，我们很难做到荣辱不惊，大义凛然，但至少可以分一点温暖给我们的家人，多一点关怀善待朋友，接纳一份承担给我们的孩子……

生命中的诸多忧愁，多半来源于自私自利，患得患失。而人生中最大的快乐，便是与他人共享的快乐了！

/这有什么用/

从钢琴老师家出来，春夜正好，像件薄薄的黑绢衫子，亲密贴身。

我一路问女儿小年课上学了些什么。我听完一堆"八分音符"后，叮嘱她："要好好学钢琴呀。"

她点头："嗯，我长大了要当钢琴老师。"又说，"我也要好好学英语，要不然我去了美国，大家听不懂我讲话怎么办。"很抱歉，她五岁，已经很自然地有了美国梦。整个社会的价值观，就这么直接地以儿童体现。

我老怀大慰，又加一句："围棋也要好好学哦。"她学围棋也快一年了。

她扭头问我："为什么？"

这回应出乎我意料，我一愣："当然了，学就要学好嘛。"

她居然认真起来："我又不想当围棋老师，去美国要下围棋吗？为什么要学好围棋？"

　　上一次被问及类似的问题，是在新东方与我同桌的 15 岁的女孩子，托福考了 113 分。我问："听得懂？"她微微一笑，笑容里全是自负。

　　我一时多事，说了句："其实你英文已经很好了，有时间可以看看古文，背背古诗词什么的。"

　　女孩诧异地看我，她撇撇嘴，"有什么用"四个字虽不曾出口，却用身体语言体现了。

　　如果她是成年人，我可以理解这是粗俗的挑衅，但女孩一脸的认真。我于是想了又想，说："说一个你可能知道的诗人吧，纳兰容若，他有一句诗：'等闲变却故人心，却道故人心易变。'那些要好的、视为姐妹的、以为是一辈子好同学、好朋友的人们，会渐渐淡掉，总有一天，你会惊讶地发现他们都变了。而他们说，不，是你变了。也许你心里会五味杂陈，感觉孤单，你有那么多感受，却不知从何说起、向谁说、怎么说。这时，你想起这句'却道故人心易变'，于是，你明白了文学的意义就在这里，说出了你的心声，抚慰了你的哀伤。我们脱离人猿已经很久了，我们所需的，不只是工具。"

　　如果技能与谋生无关，如果知识不用来生存，如果它不是通往美丽新世界的桥梁，那么，它有什么用？我尽量用女儿能听懂的语言说："围棋可以锻炼头脑，提高你的逻辑能力和推理能力，这是所有学问和智慧的基础。"这是一个先天不足的答案，因为她可以追问：学问和智慧，有什么用？

天文有什么用？它让我们知道，我们的一生像微尘一样轻；美有什么用？刺绣或者音乐，带给我们的美感与惊喜，是擦过皮肤的战栗……

所有无用的东西，都是有用的。

就像这样一个美好的春夜，也许它真正的、唯一的用途，就是让万籁俱寂，让女儿有机会问出她的"大哉问"：有什么用？

她会用一生，慢慢地找到属于自己的答案。

而在我自己的人生谱系里，知识最高，智慧最宝贵。美，就是美，正如爱情就是爱情。我爱这所有的无用之物。

/洗掉心尘/

许多的时候，喜欢上一样东西并不需要太多的理由，就像我偏爱竹叶清茶一样。没有大红袍的珍稀，也没有铁观音的名贵，鲜嫩的竹叶经过简单的烘焙，虽说蓬松得一如杂草，但它始终散发着那种远离尘嚣的植物的清香。

竹叶汇茶无须繁杂的工序：一只简单透明的玻璃杯，随意放进适量的竹叶，连同泡茶时的心情，然后再用滚开的水徐徐注入即可。水入杯中，竹叶那慵懒的身姿先是随水漂浮，上下来回地打着转儿，再像生命复苏一般地慢慢舒展开来，随后又渐渐沉入杯底。竹叶在杯底悠然地躺着，让干枯已久的心灵尽享滋润，于是，茶水也渐渐染上了沁人心脾的绿，由淡而浓……单是这番颇富诗意的赏玩，便足以让人的心境变得清澈起来。

竹叶经过沸水的洗礼亦似有了灵性，在碧波荡漾的茶汤中缓缓释放出原始的茶芳。水雾氤氲间，有着雨露甘甜的味道，还夹杂着晨雾和晚风的气息，令人心旷神怡，似乎整个生命也随之摆脱了虚荣与浮躁，走向超然的极致。

我不自觉地呷了一口杯中的茶，忽而，一股淡淡的清香立即萦绕着整个身心，宛如清泉润泽，又如竹露洗心，竹叶的芬芳在体内游走，带着清新自然的气息缓缓滑下，直让人荡气回肠；再呷一口，只觉得口齿盈香，一股清风拂面而来，那一刻，让人遁离了尘世的喧嚣，又让人忘却了世俗的烦忧。细品竹叶清茶，茶水虽是自口而入，但竹露却能浸润到心田，真可谓"竹堪医俗"了。

品茶，是在品位自然，更是在品味人生。品味竹叶清茶，那也便是在品味竹之"虚心抱节山之河，清风白月聊婆娑"的淡泊，品味竹之"咬定青山不放松，立根原在破岩中"的坚毅，品味竹之"无言无语晚风中，淡泊一生甘始终"的超脱。

在众多的茶品中，竹叶清茶，只算是一位深居简出的隐士吧。但作为茶，茶亦有道，竹叶清茶寡淡高雅，茶味平和，以茶待客，君子之交，你可品出人间沧桑，品出世态炎凉，品出清廉之风；品茶思静，静以致远，修身养性，竹露洗心，你可以洗去心灵的杂念，洗去心底的私欲，洗去心头的贪婪，从而进入一种"人到无求品自高"的境界。

古人云：水能性淡为吾友，竹解心虚即我师。然而，能将水与竹完美结合的，只有竹叶清茶，这种可以洗却心尘的饮品。

平淡的水，溶入几片竹叶，就成为茶；流年似水，平常的生活，若是有了一颗竹航高洁的心，你必定可以拥有一份淡泊如茶的人生。

/心底的阳光/

她是一位纯朴的乡下女孩，初中毕业后，和许多打工妹一样，怀揣着梦想进城务工，希望能让自己和父母过得宽裕一些。

那几年，她当过理发店学徒工、服装店导购员，还开过小吃店，都没赚到钱，却尝尽人情冷暖。

后来，她与一位工人建立家庭。那年，她失业了，丈夫身体不好，她便想在小区附近找份事做。社区有一位姓顾的左腿高位截肢的老人，是位热心人，他用单腿走遍了社区里几千户家庭。谁家有困难，他都会伸出援手。老顾知道她的情况后，便去找居委会，将一间废弃的传达室腾出来让她开理发店。

这间废弃的传达室位置偏僻，阴暗狭小。丈夫担心没有顾客，她却信心十足："只要手艺好，不怕没人光顾。"

在附近居民的帮助下，小小理发店开张了。还真被她言中，开张不出半月已每日门庭若市。这时，她毅然把理发价格降低了一半，她说："理发店是社区居民帮我开起来的，来理发的都是邻居，我应该学会感恩。"

1999年5月的一天，小区居民姜老伯的侄女到店里来烫发。细心的她突然想到姜老伯已经有好几个月没来理发了，一打听才知道，姜老伯中风不能下楼了。

第二天，她就带上剪刀、推子等理发工具，来到姜老伯的家里。见姜老伯发白的头发又长又邋遢，她就半蹲半跪地给躺在床上的姜老伯理发。清洗、推剪、刮脸，姜老伯容光焕发，露出了多日不见的笑容。姜老伯的老伴要给她理发费，她说什么也不收。

这事让她想到了社区里更多的老人，他们如果行动不便怎么理发？她没有细想，便打定主意要为社区所有行动不便的老人免费上门理发，而且还把每月的15日定为上门服务日。她把这一承诺张贴的理发店的墙上。

从那时起，不管生意多忙，每个月的15日，她的理发店定会关门谢客。这天，她要穿梭于社区里七个居民小区，为20多位行动不便的老人理发。一天下来，经常直不起腰，迈不动腿，光爬楼就相当于100多层。

她的美名远播，连城东一位70多岁的老人都专门跑来找她理发。因路途较远，有一次，他刚走进门就累得差点站不住了。待为老人理完发后，她说："老人家，您行动不便，以后不要来了，我每月15日到您家里去理发。"就这样，她每月15日理完社区里老人的头发，都会再到城东给他理发。老人家的儿子很感动，就买了理发工具，向她学了两手，开始亲自给父亲理发了。

2009年8月14日，她接到乡下老家的电话，父亲突然去世，她得赶回老家吊丧。可明天就是15号啊！当天晚上，她挨家挨户给每位老人打电话，承诺迟几日再上门。最后只有黄老伯的电话无法接通。她左思右想，最后还是带上理发工具，冒着大雨冲出家门。

黄老伯的老伴说："那天晚上我一开门，见她一身淋得湿湿的。没想到她是赶来给老头理头发的，这丫头真傻。"

她叫庄彩男，家住福建省三明市梅列区青山社区。1998年，她在社区居民的帮助下，开了一间"青山社区理发室"。

心底的阳光会驱散阴霾，这暖意惠己及人。

/幸福的起点/

列夫·托尔斯泰说："幸福的家庭都是相似的，不幸的家庭却各有各的不幸。"人又何尝不是如此呢，我们也可以说，幸福的人都是相似的，但是不幸的人却各有各的不幸。其实，幸福与不幸没有一个严格的界限，很多时候是看人的心态。

米契尔曾是一个十分不幸的人，由于一次火灾，他身上65%以上的皮肤都被烧坏了，为此他用了很长的时间先后做了16次手术。手术后，他不能拿叉子，不能拨打电话，也不能一个人上洗手间，但是曾是海军陆战队员的米契尔却不认为自己会被打败。结果他选择把当前的状况作为起点。奇迹就是这样被创造出来了：6个月之后，米契尔又能开飞机了！

后来，米契尔在科罗拉多州给自己买了一幢维多利亚式的房子，还购买了一架飞机和一家酒吧。然后他又与两个朋友合资开了一家公司，专门生产以木材为燃料的炉子，这家公司成了佛蒙特州第二大私人公司。

其实，那次火灾只不过是个开端，不幸始终伴随着米契尔。在米契尔开办公司的第四年，他在驾驶飞机时发生了意外而使得他的12块脊椎骨被轧得粉碎，腰部以下永远瘫痪了。再一次的意外来临后，米契尔仍然选择不屈不挠，从来不言放弃，并日夜努力使自己能达到最高限度的独立。结果，他被选为科罗拉多州孤峰顶镇的镇长，主要职责是保护小镇的美景及环境，使之不因矿产的开采而遭受破坏。后来，他参与国会议员的竞选，他的一句"不只是另一张小白脸"的竞选口号，一下子把自己因意外而导致伤痕累累的难看的脸转化成了一项有利的资产。

米契尔的成功不仅表现在事业上，他的感情生活也同样幸福美满。面貌骇人、行动不便的米契尔同常人一样坠入了爱河，并且最终组建了幸福的家庭，与此同时，他还通过学习拿到了公共行政硕士证书，并始终没有停止他的飞行、环保及公共演说活动。

米契尔说："没有瘫痪的时候，我可以做一万件事，瘫痪以后，我只能做九千件事了，我还可以把注意力放在另外那一千件我无法再做的事情上，或者是把目光放在我还可以做的九千件事情上，并对众人说我的人生曾遭受过两次重大的挫折，倘若我可以选择不以挫折作为放弃努力的借口，或许大家可以从一个新的角度来看待一些一直以来让大家裹足不前的经历。其实这个时候，你完全可以退一步，然后想开一点，这时你就有机会说：'或许那也没什么大不了！’”

　　"或许那也没什么大不了"，这显然是一种十分积极的心态，事实证明，正是这种积极的心态，使得很多人以惊人的毅力去面对困境，并最终走向光明的人生之旅。

/加伯利的财富/

　　五个年轻人聚集在火堆旁。在沙漠里的不毛之地，一天的艰苦跋涉让他们疲惫而又沮丧。长者们口中描述的拥有智慧与财富的加伯利肯定就在附近。据说能够找到加伯利的人，在得到智慧的同时也会得到他的一大笔财富。

　　难道这只是个传说，只是一个捏造的白日梦？

　　当太阳再次升起时，第五个人带着他的疑虑离开了。于是四个伙计踏着晨曦上路了，中午时分，他们遇见一位老婆婆。

　　说明来意后，老婆婆告诉他们说，你们是幸运儿，不远处真的有一位名叫加伯利的人。他是游牧居民，住在帐篷里，不喜欢陌生面孔的打扰。谢过老人后，四个人匆匆前进。行走中，四个人商量好了，由一个人负责侦察情况，然后回来报告大家。

　　那人出发后，其余三个人在原地等待。过了一段时间，他满脸失望地跑了回来，说没有看到加伯利，帐篷里面住着一个叫花子，衣衫褴褛，周围的装饰也十分简单。他叹了口气，"真失败！"便带着沉重的心情原路返回了。

他们又选出一个人去侦察。那人带着更加诡异的表情回来了。他说，里面的人不但十分贫穷，看上去还有点疯癫，手舞足蹈地对着不存在的魔鬼大声叫骂。"真失败！"这位旅行者也返回了。

剩下的两个人还不死心。其中一个又去了，结果神色恐惧地跑了回来。他说，里面那个人行为疯狂，他不是咒骂魔鬼，而是一只要吃掉他的老虎！"真失败！"这个人也离开了。

最后一个人决定亲自尝试一下。他也看到了老虎，但他收起恐惧，决定帮帐篷里的人打败猛兽。他迅速折断干树枝，并用猎刀削尖，快速跑回帐篷。

就在他准备好武器，要和老虎进行殊死搏斗时，那个人吹了一声口哨，老虎竟然乖乖地依偎到他旁边。很明显，这不过是他玩的一场把戏。

那个人自我介绍说，他就是加伯利。只有勇敢的人才能进入他的帐篷。"财富就在我这儿，但只有智慧才能将它取走。"

"第一位早早放弃，他只想不劳而获。""第二位只看到我的破衣衫，他没有从寻常事物发现财富的眼力。""第三位看到一个疯狂的人，他没有从不寻常事物发现财富的眼力。""至于第四个人，他只看到吃人的老虎，他没有克服恐惧的勇气，所以也不能接受我的财富。"

年轻人感激地点点头，谢谢加伯利分享给予财富的秘密。他全身的血液都在沸腾，他忍不住要告诉全村的人他成功得到财富的消息，他立刻请求告辞。"我成功了！"旅行者心满意足地归去。

　　看着逐渐消失在视线里的人，加伯利为自己斟了满满一杯红酒。他指着远处贫瘠的沙漠，说出了保留的最后一点智慧。

　　"第五个人做好了接受财富的准备，但他的口袋里仍然没有一个硬币。因为他忘了管我要。"

去争取属于自己的

　　我是学机械设计的，大学毕业后在城里坚持了一段时间，后来发现一半会儿也找不到工作，并且高昂的房租我也实在支付不起，只好先回家等待机会。

　　回家后我发现这是一个更大的错误，家里消息闭塞，找到工作的希望接近于零。一个20多岁的大小伙子赋闲在家，不光我自己觉得难堪，就连我的父母都有点抬不起头来。后来我一想，豁出去了，就算是到工厂做个普工，我也不在家呆着了。机会还真来了，同村的一个小学同学在一家生产门窗配件的公司当工人，他回家办亲事的时候告诉我说他们公司正在招聘普工，管吃管住，一个月能拿1500元左右。

　　我去那家公司面试普工，人力资源部的王经理一看我戴着眼镜，马上就一皱眉头，我赶紧说："我是轻度近视，并且我是在农村长大的，我能吃苦。"王经理问我什么学历，我说是大专，王经理又一皱眉头，我心想，肯定是嫌我学历太高了，怕我干不了几天就得走人，我赶紧说："我是学机械设计的，我愿意从车间一步步干起。"王经理终于眼前一亮。

我被分配到装配车间，开始了我的试用期。装配车间就是负责把散件组装成成品的车间，我整天随着传送带机械地忙碌着，人也好像变得迟钝了。

宿舍很挤，10几平方米的一间小房子住了8个人，楼道里经常堆着垃圾，整天臭气熏天。一日三餐是免费的，但味道实在不敢恭维，菜里放油很少，几乎看不到油星，如果你稍微注意一下，经常能从菜里挑出烂菜叶来，这就是普工的待遇。

与普工相比，办公楼的工作人员待遇就好多了，他们的宿舍不和普工在一块儿，两个人一间，带有独立的卫生间。吃饭也不和普工在一块儿，听说他们是三菜一汤，但我从未见识过。

晚上我总是睡不好觉，我心有不甘，觉得自己很委屈，有时候想着想着就难过得哭了，难道三年大学就白上了吗？难道自己的青春就要这样庸庸碌碌地度过吗？

一个月之后，车间主任单独找到我说："听说你是学机械的大学生，咱们的传送带经常卡壳，这是老问题了，总经理请来专业维修人员都没解决，你仔细研究一下，看看能不能把这个问题解决了，如果你能解决，那你离时来运转的日子就不远了。"我觉得这确实是个机会，所以就暗下决心，一定要搞出个名堂来。

午休时间，人家都睡午觉了，我还在围着机器打转，一会儿爬到机器顶上，一会儿钻到机器底下，搞得自己满身灰土。功夫不负有心人，经过半个多月的摸索，我终于找到了问题所在，但是找到问题还只是第一步，怎么解决才是关键。我找出大学时的笔记仔细研究，没有眉目，我上网搜索相关信息，还是没有头绪，我简直都想放弃了。一个星期天，我登门拜访大学时的老师，老师了解了一下，也没有办法，但是他给我推荐了一本书，我把那本书仔细看了几遍，然后结合自己的摸索，终于想出了解决方法。

　　我把我的解决方法详细说给车间主任听，车间主任很兴奋，当天下午就安排人对机器设备进行了改装，晚上，车间主任请我喝酒，直到很晚才回宿舍。车间主任醉醺醺地说："小郑啊，你在车间做普工确实屈才了，你放心，我一定会向上面推荐的……"

　　正当我做着被提拔的美梦的时候，我却莫名其妙地被解雇了。我有点不服气，我找到人力资源部的王经理问为什么辞退我，王经理说："你没有通过试用期，就这样。"我说："我改装了机器设备，提高了生产效率，我工作上也没出过差错，我为什么没有通过试用期呢？"王经理把脸往下一拉说："我们是经过综合考虑的，你不要再纠缠了，你出去！"

　　我垂头丧气地回到宿舍，一头扎到了床上，一位工友看我实在可怜，忍不住把实情告诉了我。原来，车间主任把改装机器设备的功劳揽在了自己的身上，总经理正打算提拔他呢。人力资源部的王经理是车间主任的表哥，他们早就串通好了，只要我一想出改装机器设备的方法，王经理就马上辞退我。工友说这些都是车间主任在醉酒的情况下亲口说的，千真万确。我仔细想了想，当初王经理之所以把我留下，大概就是为了让我替他的表弟做"嫁衣"吧。

要想揭露王经理和车间主任的勾当，只能找总经理，可是，我只是一个普工，总经理能相信我吗？经过深思熟虑，我最终决定试一试，自己辛辛苦苦创造出来的机会，怎么能让它轻易溜走呢？

我要求见总经理，没想到总经理竟然很痛快地答应了，后来我才知道，总经理一向随和，从不摆架子。我向总经理说明了情况，总经理半信半疑地看着我说："机器设备的改进方法真是你想出来的吗？"我坚定地说："是的，我以我的人格担保。"

总经理把车间主任找来问话，他本来就心虚，所以说起话来就吞吞吐吐的，总经理阅历很深，一看就明白了。

这件事很快就有了结果，我没有被辞退，而且还被提拔成了总工程师助理，负责协助总工程师进行新产品的研发工作，人力资源部的王经理和车间主任都被辞退了。总经理在会上说："不是自己的，一定不能贪；是自己的，就应该努力去争取……"

别给自己编织一张网

受父亲和哥哥的影响，他一向认为做个电子工程师是个不错的选择，所以在上大学时，他选择了电子工程专业。毕业后，他又进入牛津大学攻读相关专业的硕士学位。

在牛津大学期间，他认识了朋友贝克。贝克是牛津大学戏剧协会的副会长，因此自然不会放过拉他入会的机会。但他拒绝了。他觉得自己是一个很文静的人，甚至有点乏味，让他加入戏剧协会，这不是开玩笑吗？贝克却认真地说："正因为你不爱说话，生活沉闷，所以才更应该加入协会。你应该学着让你的生活更精彩一些。"他这才点点头，并由此开始欣赏众多的精彩节目。渐渐地，他也喜欢上了表演。

在当年的爱丁堡艺术节上，他鼓起勇气，用自己丰富的肢体动作和夸张的表情为大家表演了一个滑稽节目。没想到，他的节目太精彩了，引起了全校轰动。从此，他成为了校园明星。各戏剧协会、讽刺剧社、试验剧场俱乐部等等组织都邀请他去表演节目，在各种节日里，他更是众多协会极力邀请的名人。不久，更有电视制片人和电影导演来寻求和他合作。

面对突如其来的轰动，21岁的他迷茫了。过去，他一直都以做一个电子工程师为目标，并为此奋斗了多年；但现在，他突然更喜欢表演了。人生的路，究竟该怎么选择呢？如果去演戏，现在正是最好的时机；但自己多年来所学的电子工程知识不就白学了吗？但如果拒绝演戏，将来做一个电子工程师的话，显然很难有出人头地的机会。如果就这样白白错过成名的机会，他不太甘心。是按照自己的目标走，还是依据自己的兴趣呢？在宿舍里，他陷入了沉思。

这时候，正值盛夏，蚊子特别多。蚊子嗡嗡地叫着，不断在他头上登陆。不堪蚊子骚扰的他点燃了一盘蚊香，然后关上了门，想熏死蚊子。这时，他发现房门后有只蜘蛛。这只蜘蛛平时捉过不少蚊虫，他不忍心伤害它，就又打开门赶它走。蚊子乘机飞走了几个，但这只蜘蛛却舍不得离开它的网。它灵活地躲避着试图带它转移的他的手，固执地坚持在自己的网上。不久，这只蜘蛛被蚊香熏死在了它引以为傲的网上。

这个场景深深地刺激了他。是啊，网，本来是蜘蛛用来网蚊虫的，但没想到最终却网住了它自己。如果他坚持自己的电子工程专业，白白丧失发展的机会，那他不等于被自己的专业给网住了吗？那他不是和这只蜘蛛一样傻吗？

于是，他毅然放弃了做电子工程师的打算，开始积极参演各种节目。不久，他就获得了年度最佳喜剧奖。后来他更获得了演艺界几乎所有的重要奖项。他主演的情景喜剧黑爵士系列成为英国广播公司迄今为止最成功的情景喜剧；更重要的是，他为世界贡献了全球家喻户晓的喜剧人物——憨豆先生。

他就是"用卓别林方式演戏的英国金凯瑞"——当代英国喜剧泰斗——罗温·艾金森。

/把烦恼赶走/

人生世上，总要遇到许多烦事。小的时候因为得不到称心的玩具而烦恼，学生时代因为考试成绩不理想而烦恼，学校毕业后因为找不到理想的工作而郁闷……可以说，烦恼伴随我们的一生。但是，人生短暂，烦恼并不是我们应有的生活，如何对待随时都会降临的烦恼呢？

一　面对烦恼

生活中难免出现逆境，难免会遇到沟沟坎坎，不顺心的事十之八九。我们总不能一直生活在困惑当中，被一时的烦恼所压倒。生活还要继续，时光还要一分一秒地过，遇到任何困难、艰辛、不平的情况，逃避是解决不了任何问题的。因此，只有用智慧把责任担负起来，用最积极、最有效的办法去正视烦恼，用强大的理智，用实际行动坦然面对它，才能真正从困扰的问题中获得解脱。

有时彻底感受了烦恼之后，反而能解除烦恼。烦恼的滋味虽然是苦的，但也能成为灵魂的营养液。从烦恼中走出来就能变成我们的财富。烦恼后能彻悟许多东西，而深刻的认知就往往来自烦恼，烦恼和痛苦是我们人生的导师。这也就是"烦恼即菩提"的真实内涵。

因此，不管面前是什么样的烦恼，都该乐观地去面对，去克服。笑对烦恼，把烦恼只当成一段美妙曲子中的小插曲，使它不再那么恐怖。

二 接受烦恼

烦恼虽说是一杯苦酒，可生活中却不会不出现。不要害怕烦恼会让我们经受痛苦，更不要担心烦恼会让我们无法摆脱。烦恼要来，逃避会更加烦恼；把烦恼寄给流逝的时光，往往收到的是天天烦恼；把烦恼转嫁别人，到头来仍然自寻烦恼；把烦恼流放云天沃野，我们最终会感到，人生处处充满烦恼。勇敢地接受烦恼，任烦恼的思绪充斥我们的心海，让苦恼的血液在我们的心中回荡。当我们不再害怕烦恼时，烦恼往往会悄无声息地离我们远去。

人要健康，身体需要锻炼；人想坚强，心灵更需磨炼。让我们在生活中经历烦恼、体味烦恼、感悟烦恼，它会使我们的人生更加精彩，引导我们走向更加成熟。

勇敢承认自己的无知，因为生活还有太多的秘密；自然地流露天真，因为读懂生活的全部含义需要更多的思考；勇敢地反省自己的虚伪，因为是它毁掉了真诚，并使友爱之树失去生机……我们应该懂得生活并不全是鲜花铺就的成功之路，人生除了坦途还有暗礁。

是烦恼让我们发现付出很多，同样也能收获不少；是烦恼让我们觉得平平安安，并非比坎坎坷坷更加美好；是烦恼让我们最终明白，人生注定要充满烦恼；既然烦恼自有其意义，那不如就高高兴兴地去接受烦恼、经历烦恼。因为经历过后，我们才有可能不重复同样的烦恼！

既然我们的一生甩不掉的总是烦恼，那就与烦恼和睦相处吧。人的一生就是烦恼的一生。或许，人生正由于有烦恼相伴，我们才会眷恋着这完美与残缺构成的一切吧！

三　放下烦恼

我们不喜欢提着重物走路，却为何喜欢带着烦恼生活呢？其实，烦恼来自我执和五欲（财、色、名、食、睡），摆脱了五欲的纠缠进而放下我执，当我都不存在了，还有什么能让我烦恼呢？

生活不会因我们的不愉快而改变轨迹，更不会回头重新来过。世间万物繁杂，诱惑良多，这是烦恼的根源。世界上的一切，决不会因为我们的烦恼而有所变化，我们想得再多，也无济于事。"世上本无事，庸人自扰之"，烦恼都是自找的。要想清除烦恼，只有将生活简单化、心情简单化。

做任何事情不要在意结果如何，只要我们付出了自己应有的努力，人生就少了很多的遗憾，就不会后悔。活在无常的智慧中，即使对结局一无所知，仍然能享受生活的每一天，这也许就是放下的智慧，放下就是快乐。

人生须尽欢，但不如意者有千千万，烦恼由心生，烦恼会使我们的心灵负担过重，"为伊消得人憔悴"，怅恨年华易老，空叹人生悲切。有句话说得好："怀着忧愁上床，就是背负着包袱睡觉。"那滋味确实是不怎么好受的。放下烦恼，开心生活。

微笑吧，微笑是心灵绽放的花朵，心里装满阳光，我们的微笑，就会透着阳光的灿烂，散发着阳光的芬芳。放下别人，然后放低自己，就是一种快乐的生活。当我们放下心的负累后，就会觉得这世界其实很美好，就会发现原来快乐就在我们眼前。

四　赶走烦恼

快乐和烦恼相伴，幸福与痛苦共存。快乐取决于一种平和的心态，拥有一种荣辱不惊，去留无意的心态，就会赶走烦恼，生出许多快乐。快乐是相对的，再快乐的人也会有烦恼，人不是生活在真空中的，矛盾总是层出不穷的，旧的烦恼排除了，新的烦恼又会出现，关键是要学会在矛盾中摆脱自己，在烦恼中解放自己。少一点自私，多一些宽广；少一点算计，多一些坦荡；少一点嫉妒，多一些宽容；控制我们的情绪，升华我们的思想，让它升华为一种风度，一种能力，一种修养，一种境界。

人生太长，生命太短。得与失，输与赢，荣与辱，都要看淡一些，别给自己的烦恼找借口，要明白快乐不是上天恩赐的，也不是金钱买来的，快乐是自己创造和争取来的，为了追求快乐，让我们忘掉名利，忘记年龄，放弃虚荣，多和快乐的人在一起，多给烦恼的人一些微笑，让大家都变得快乐起来。

逼走好的更好

有位朋友，嫁了个不错的老公，浪漫、体贴，对她百依百顺，是别人眼里的模范丈夫，但她总希望老公能够更好一些，挣更多的钱，更懂她的心，对家庭更有责任感。因此，她总是时刻苛求，老公烧的菜不好，她直接倒进垃圾桶；老公送的礼物不满意，脸立即冷下来；老公一句话说得不如意，家庭战争立即爆发。以为这样严要求，一定能塑造出一个绝世好男人，没想到，夫妻关系日渐恶劣，最后闹到了要离婚的地步。这是她不能接受的结果，为了"更好"，居然把"好"给逼走了。

有位同事，专业不错，技术也好，第一份工作就是在某个大企业做工程师，是很多同学心中的成功楷模。但是，他并不满意，相信以自己的才能，一定能找到更好的公司，拿更高的薪水，于是，简历365天挂在网上，哪里有招聘会就挤去投简历。在原公司待了半年后，终于成功跳槽，可是心里还不甘，于是继续投简历，继续跳槽。几年下来，工作换了一个又一个，却始终毫无建树，当初不如他的同学都已经混到骨干了，他依然是个新手。为了追求"更好"，把握在手里的"好"给荒废了。

我们身边，总是有太多这样的人。为了追求更好的爱情，不懂怜惜眼前人，伤了他人的心，也把自己给剩下了；为了追求更好的友谊，把眼前的朋友忽略了，最终没有得到一个知己；为了追求更好的生活，把眼前的生活过得一团糟，一生也享受不到生活的乐趣。

我们总是走在追求"更好"的路上，焦虑着，烦恼着，痛苦着，挣扎着，却从来不知道，自己拥有的其实已经很好了。为了遥不可及的"更好"，我们把握在手里的"好"给生生地扼杀了。

更好是好的敌人，两者时时刻刻都在博弈着，去掉贪恋，安心过好眼前的好日子，才能打败"更好"的诱惑，实实在在地拥抱着"好"。

/背包里的失败/

　　她独自从家里出来已经一个多月了。她本是个学习不错的高中生，但家里实在拿不出那份"高昂"的学费，她主动退学了，为了让自己的弟弟能安心地读书。

　　但她不是个懦弱的女孩，她踏上这片陌生而热闹的土地，就是为了寻找属于自己的另一半人生。她还有许多的梦想，可是天不遂人愿，她在茫茫人海中摸索了这么长时间，却没有找到一份工作。

　　今天，她又在报纸上看到了一条招聘保姆的广告，就迫不及待地去了那里。

　　眼前是一栋欧式小洋楼，楼下有片小花园，但没有几朵花，显得干枯，可能是它主人把它给忽略了。

　　来应聘的人有几十个，大家主动排起队，在等候的过程里，人们议论纷纷。她不说一句话，只默默听别人说。招聘广告上写得明白，应聘人要有大学学历，要有工作经验，月薪三千。

人们不知道那是什么样一个家庭，连保姆都要大学毕业，但为了三千块钱的工资，许多人还是愿意来试试的。要知道在一般的工厂上班也只能挣一千多块钱。

队伍越来越短了，进去又出来的人都垂头丧气的。有人嘴里还冒着怨气，说这哪是找保姆呀，分明就是个变态的老女人，想挣她的钱，得太阳从西边出来，我都研究生毕业了，还不行。

听了这话，她想走开。但当她摸一摸背在肩上的背包时，又一步步向前走去。

终于轮到她了。她有些紧张，但很快又平静下来。她进了屋子，对面沙发上坐着个头发苍白的老太太，脸色却红润，但她敏锐地发现老太太的眼睛有点迷茫，那眼神像是失去了宝贝似的。

"你是哪个大学毕业的？学的什么专业？"老太太看看她，问。

"我没上过大学，连高中还没读完呢。"她说话带着浓浓的家乡口音。

"那你来干什么？"

"因为我需要一份工作。"

"你凭什么能得到这份工作？"

"其实，我只想试试，凭什么呢？"她摘下自己的背包，把里面的东西给老太太看，"凭我的失败。我觉得这是最好的毕业文凭，是它，让我坦然面对；也是它，让我鼓足勇气。"

老太太伸长了脖子，把里面的东西拿出来看清楚。那是一张张的卡片，每一张上都记录着一次失败的过程：

9月3号，去东方宾馆应聘服务员被拒绝，原因是个子矮；

9月4号，去一家化妆品店应聘被拒绝，原因是皮肤黑；

9月5号，去应聘给一个一年级的孩子当家教失败，原因是普通话不好；

9月6号，去大众商场应聘保安没成功，原因是自己是个女的；

……

老太太抬头看看她，是一个模样挺俊的农村女孩。"你为什么老把失败背在肩上？"她问她。

"因为只有那样，我才能给那些让我成功的人更多的感激，更高的回报。"

"你很像我女儿年轻时的样子。她去美国定居了，我老了，不想离开这个家，她才要给我找个像样的保姆。"老太太闭眼休息了一会，说："好了，你可以走了。要把这个背包带好，千万别把里面的东西丢了。"

"我知道，谢谢您。"她背起背包，觉得分量又重了些，因为她想背包里又多了一份失败。但她仍走得很轻松。

就在她走到门口的时候，突然听老太太说："明天早晨来上班吧。你那一背包的失败确实顶得上最好的大学文凭。"

"谢谢。"她回头给了老太太一个女儿的微笑。

不为自己找借口

那天，朋友手里夹着一根燃着的烟，信心满满地对我说："从明天开始，我决定戒烟。"

在我的记忆中，朋友戒烟已不止一两次，并且每次都信誓旦旦，但结果均以失败而告终。这次，朋友想出了一个办法，他决定每天少抽一点，从两包烟降到一包半，再从一包半到一包，随后从一包降至半包，从半包降至一根，最后彻底戒掉。就这样，朋友怀着美好的希冀，再一次开始了他的戒烟之旅。

我满以为朋友这次一定能戒烟成功，谁知几个月后遇见他，仍然照抽不误，并且烟瘾比以前还有所增加。我不解地问朋友，按理说，一天少抽一根烟，应该不是什么困难的事，为何还是没有戒掉呢？朋友叹了口气说："唉！起初，我也以为这个办法行得通，但事实上，只要兜里有烟，又哪能控制得住自己呢？我每次都告诫自己，这是最后一根，不能再抽了，但烟瘾犯的时候，我又会安慰自己，没事，就抽一根，以后慢慢来。现在，我总算想明白了，只要嘴里还叼着一根烟，你这辈子就别想戒烟。"

听了朋友的诉说，我恍然大悟。记得我刚上班那会儿，大家迟到、早退的现象特别严重。为了应对这一问题，领导特地制定了一项规定：凡迟到15分钟及以上者，一律按旷工处理。政策刚出台那段时间，大家的确遵守得很好，几乎没有什么人迟到、早退。然而，这种良好的现象并未维持多久，没过几天，大家就开始钻政策的空子，说不能迟到15分钟，那我就迟到10分钟，这不算违规吧！后来，领导又将15分钟改为10分钟，但仍然有不少人迟到。最后，领导没有办法，只好一刀切，即：无论出于什么原因，只要迟到一分钟及以上者，一律按旷工处理。你还别说，新的规定虽然有些苛刻、不近人情，但从那以后再也没有一个人迟到了。

在日常生活中，人们总是喜欢采取循序渐进的方式来改变自己的不良习惯，以为这样就可以慢慢地解决问题，而事实上，到了最后问题依然存在，根本没有彻底的改变。人往往有一种惰性和依赖心理，喜欢安于现状。有过登山经历的人可能都有这样的体会，越是休息，就越是不想走路，就越是想要放弃，但如果一直坚持着走下去，反而能够顺利地到达山顶。

一个成功者，从不会为自己的不作为寻找借口，也从不会对自己说，不用着急，以后有的是机会。他们无论遇到什么问题，总是当机立断，不达目的誓不罢休。一个总是对别人说"我明天再怎么样"的人，是很难真正改变什么的。慢慢来，从明天开始，这都是懦弱者为自己寻找的借口。既然已经意识到了问题所在，那为何不想办法让它一下子阻断呢？

宽门里没有路

有一条路是垂直的且很短，像是一个驿站。人们走进去、走出来，没有谁想在驿站外长久等待，也没有谁想在驿站里长久驻留。一切都是那么急切，进去的，急切地想进去，出来的，急切地想出来。这条路就是电梯。

高岸为谷，深谷为壑。电梯的高妙在于装载着人们绕了个僵直的圈子，把360°拉成直线。它馈赠人们多少攀高，就馈赠给人们多少降低，馈赠给人们多少进入，就馈赠给人们多少出来。上上下下，进进出出——人们的生活，就是如此简单。

幸福有两种敌人，厌倦与痛苦。驻留在电梯里的人们是厌倦的，电梯外等待的人是痛苦的。电梯掌控着这条路上人们的情绪。于是拥挤着进去，拥挤着出来，即便不是拥挤的时候，也没有谁想慢条斯理。

电梯是个性的，它对人们的情绪不屑一顾。每个人也是个性的，但是每个个性都包裹在共性之中。无奈地被囚着，谁都超脱不了这个怪圈，痛苦和厌倦在掌控，在延续。

人的情绪常常受到欲望的驱使，得陇望蜀。真正的享受不在多与少，而是满足。

一位贵族太太吃着冰激凌说道："可惜不是桃子。"一位在病中的女孩子却说："不发烧真好。"欲望是吐着舌头的火焰，把人们的心情烧得焦灼。真正的享受在于：在巴黎吃一个苹果，我就是巴黎；在重庆吃一次火锅，我就是重庆——我思故我在。

可事实是，人们做不到真正地享受环境，而是为环境活着，心情也是天象和天气，月圆月缺，阴晴风雨。工作中的人们，为领导的脸色活；悠闲垂钓的人们，为游弋的鱼儿活；攀山的人们，为多彩的景致活；玩牌赌博的人们，为输赢得失活；电梯里的人们，也是在为电梯活，虽然仅仅是一个片段。

电梯是一条垂直的路，也是一只有力量的手，把人的思维拉直，拉为僵硬。僵硬地进去，僵硬地出来，僵硬地上来，僵硬地下去，没有迂回，没有迂回的空间。

其实，在有电梯的附近，必有另一条路，那就是楼梯，但是，有电梯的地方，又没有人愿意去走楼梯。拥挤着，上上下下着，出出进进着……电梯这条垂直的路，被复制了再复制。

说什么好呢。上帝说：你们要走窄门，宽门里没有路。

/山路人生/

　　我的家在大山深处，一条崎岖的山路蜿蜒通向山外。山里人靠采山货为生，每到集日挑着山货沿着蜿蜒的山路出山赶集。

　　本来乡亲们每次下山都要走这条山路，但后来，几个人为了能在集市上早早地占一个好位置，他们便开辟了一条通往山下的捷径，路是近了，可危险却增大了，但还是有不少人愿意冒险走这条路。

　　父亲也是乡亲们一样，挑山货下山卖，但他却从来不走这条小路。我每次放暑假，都要跟着父亲一起，挑着山货担子沿着崎岖山路下山赶集。每次下山，我都对山路的弯转盘旋有许多感慨，想着这趟山路不知要走多少冤枉路。我便经常劝父亲说："爸，我们也走小路吧，那要快一些。"可父亲听后急忙摇头，坚决要走这条山路。可这样一来，我们每次赶集都占不到好地方，都被那些走危险小路的乡亲们占上了，我们的山货明显不如别人卖得快，为此，我常常抱怨。父亲对我的抱怨根本不理，为什么走山路而不走小路，也成了我们心中一直想解开的谜。

多年以后，我在离家千里的城市安顿下来，也将父亲和母亲接出了山村，走的那天，父亲不坐车，执意要再走一回山路，我便陪着父亲走了下来，也想趁这个时候，把我多年来的心结解开。下山的路上，我问父亲说："爸，我一直想知道，你为什么偏要走这条山路，那小路您为什么从来不走？"父亲听了我的话，长久地站在山路上，痴痴地望着它绵延向前，眼里充满了泪花，对我说："孩子，爸必须保持平安。爸靠卖山货供你完成了学业，几十年了，我一直平安无事。你王叔他们几个都走小路，可他们怎么样？你王叔胳膊摔断了两回，山货不知丢了多少，你四哥最危险的一次滚下了山……经常走小路的，谁真正平安无事了。"父亲的一席话，让我陷入了沉思，是啊，那些走小路的乡亲或多或少都发生了危险。父亲拉着我坐在了路边，深情地对我说："儿子，这条路蜿蜒回转，但永远是下山的正路，不能因为一点小利益放弃走正路；这条路是条平安路，走这条路一生平安。孩子，这两点我一直印在心中的，但愿它能给你的人生指条路。"

父亲的一席话，让我感动了。在这条崎岖的山路上，我也懂得了人生的许多道理。人生的历程就像这条山路，要经过许多崎岖但方向始终不能偏，始终要走正路，只有走正路，人生才会平安，这条路也会因为我们的走过而显现它的价值，这个价值，也是我们人生的价值。

4

CHAPTER 04
努力才是最聪明

聪明只是一张漂亮的糖纸，
外表可能闪闪发光挺好看，
但包裹在里面的东西才是最重要的，
这重要的东西就是刻苦。

别错过了花期

答应一个小女孩，带她去看槐花。

在我的印象里，老屋的河岸上是有槐树的。大约五月份的时候，槐花开了，一串串、一簇簇，白里透着黄，黄里隐着青。打开院子的偏门，伴着河风，便会有芬芳清甜的槐花香扑个满怀。

在时间里常把时间忘记，我以为棉花开还早着呢。就把这事丢在了脑后。一天在上班的路上，无意中看见人家屋旁有一丛惊艳无比的花儿，自以为是牡丹，后来朋友说是芍药。牡丹开在四月，芍药才是五月初开的，猛然想起槐花应该开了。

急急打电话给爸爸："爸！老家河边的槐花开了吗？""槐花？家里的槐树早就砍了，我们这里都没有槐树了。""啊？没了？那槐花有没有开呀？""不知道河对面有没有槐树，什么时候走那儿我去看看。""你要记着去看一下呀？"就这样又过了几天，爸爸没有带给我槐花开没开的消息。我在 QQ 签名上求救："有谁知道，哪儿有槐花？"

消息迅速反馈："打槐花干吗呢？我老家以前有的，晒干泡茶喝。""我前几天刚吃了槐花饼的，仔细找应该不难。""老南屏桥那里有槐花，味道可好了。""蜜都摇出来了，才要看花？"手机里收到一张照片：槐花盛开，如雪馥郁。是同事遥遥拍的，她说带我去侦察一下。

今年的夏天来得有点早，不管太阳那个火辣，我们驱车直奔她的家，其实心里已经有了失望的打算，只是不死心，要亲眼看一下。槐树高高壮壮的在那儿，叶子浓浓密密的绿，没有静静开的素花，也没有微微透的香气。我仰着头呆呆地站在花下，槐花终是谢了，不留一丝痕迹，没有一点留恋，空留一腔伤悲。

好多生命都在我们不经意中成长着、盛开着、凋谢着，与刚刚好、恰恰好、正正好，失之交臂，去之千里。记得那年夏初，他打电话说：来北京吧，我带你去看荷花，很美！长长的夏天因为有了这份期待变得短暂。等我终于有了时间，乘上去往北京的列车，日历已经掀到了八月下旬。当接天的莲叶呈现在我面前的时候，我知道花儿谢了，莲花成了莲蓬。

春天想去看樱花飞舞，秋天想去看满山红叶，仿佛在错误的时间遇见对的人，徒留一段心伤与遗憾。不想错过，却在等待中错过花期。一年一年说服自己，时间会有的，一次一次安慰自己，花谢花会开。

是的，草木自然可以周而复始，而人世间许多美好的事物，却如离弦的箭，一去不返稍纵即逝。在自以为还早的时间里，青春已如长了翅膀的鸟儿，没了踪影。青春只有一春，今天只有一天，有一条只能向前走的路叫时光。此刻，我们趟在光阴的河流里，是否应该用心感受一下它的冷与暖？当下，才是我们人生最美最年轻的花季。

　　明年，我会带她去看槐花，一定！

别在岁月里投降

我们都在年龄里生死。

一个人一出生，什么还没有呢，先有了年龄。无论活得多富贵，或者多卑微，死了，最后，比得还是年龄。这时候，生命里的好多东西，都烟消云散了，只有年龄留了下来。送行的人说，他比某某活得岁数大。一下子，就盖棺定论了。

这，就是一个普通人一生的成就。

只要活不成爱因斯坦，每个人注定都是肉体凡胎，都是凡夫俗子。没有成就可比的人，也只好比比年龄。与人见面，问话大都从年龄开始。即使是再势利的人，也要先从年龄这里绕个圈，才问到你的收入、职位和身世背景。问年龄，是搭讪的一个很好的突破口。最后，言谈无味，要收场了，也完全可以用到年龄。说，嘿，其实吧，你比我年轻多了，然后哈哈一笑，鸟兽散。

我们都是在年龄的强大追问中成长起来的。自有记忆起，大人就会问到我们的年龄。几岁了？进一步，或者会问明年几岁了？再吊诡一些，就是在属相上蒙你一下，说今年属猪，明年属什么？仿佛以此就考察了我们的聪明。于是，深深刻进我们心底的，就是年龄。比如说到掏鸟窝差点坠崖而死的事，第一反应到的还是年龄：那一年，9岁，上小学三年级。

　　人在青春里，韶光，素年，锦事，最容易记住年龄。比如，为成绩哭过鼻子，或者那么欣赏或者恨过一个老师，要不就是懵懂地喜欢过一个同学。这时候，年龄就像打在一片树叶上的阳光，华美，炫目，摇曳着光泽。这是一段牛奶一样鲜润的时光，灿烂，明媚，连忧伤也是彩色的。从这个年龄段往上看，所有的人都是老的，都觉得是一棵棵经历了岁月沧桑的树，与自己隔着遥远的，年华上的距离。

　　记得，刚上班的时候，也就二十出头。印象中，有一次，单位里一个同事问另一个同事年龄，说韩老师，你今年多大了。姓韩的同事笑笑，摸一下头，说，三十多了。我当时一惊，认真地看了他一眼，清晰地记下他的头发、眼睛、脸以及背心和脚底的拖鞋。哦，他都三十多了，怎么就这么大了！当时觉得，一个三十岁的人，已经老得不行。

　　人在年轻的时候，会看到老，但不会想到老。总以为老是别人的事情，跟自己无关。甚至，都不会想到死，认为人原本就是要活着的，只会有生之绚烂，哪里还会有其他。

这是多么宝贵的一段年华啊！说它宝贵，就是因为这时候，根本无视岁月的力量，也不用向岁月妥协什么。仿佛，岁月，只是自己活着的一个载体，你载你的，我活我的，两不相干。

人到四十之后，最大的变化就是不愿意记住年龄了。把年龄定格在某一个年岁上，不愿意加了，也不敢往上加了。但看春也来，秋也去，但见朝暾初出，也见暮色苍茫，知道日子在一年年地向前走，却情愿自己的年龄戛然而止，永远不走了，不走了，打死也不愿走了。这时候，最尴尬的事情，就是被问到年龄。一来是不愿被问，二来呢，真是不知道自己多大了，还得掰着手指头算一番，还要在是虚岁还是实岁是该加一岁还是减一岁上挣扎一番，最后，还是没算清楚。其实呢，就是不想算清楚。最后，干脆把出生年月报出来，是多是少，你们去算吧。

活到这一刻，才明白了，岁月才是横亘在人生前路上最大的一座山。余生，就剩下跟它周旋了，跟它过不去了。当然了，最好是别过去，妥协也好，挣扎也好，反抗也罢，你就得这样去做。

老早以前，我工作的单位，有一伙退休的老同志，每天他们都在一起遛弯，正着走几圈，倒着走几圈，算是锻炼吧。结果，过一两年就少一个，过几年就少一个。走着走着，一回头，就少一个人，再一回头，又少一个人，你说，这是多可怕的事情吧。

多少生命，都要败在岁月里，最后，年龄戛然而止。

在最老的年龄上，活得像个谁好呢。我看画家黄永玉就挺好的，叼着个大大的烟斗，对着一块画布画啊画的，画着画着就把个岁月给画投降了。然后，站在阳光下，看着一场风，越刮越小，小到，风的脚轻踩老而顽劣的心，小到，天地间风烟俱静。

只剩日月江河，只剩，忘了年龄的自己。

藏在内心的自卑

　　我曾经在学校里体验过作为一名优等生的骄傲感。当时还流行在全班甚至全校根据成绩排名次，两三年时间里，我几乎毫无争议地牢牢占据着榜首。那时候我真是风光无限，有一次在全市大赛上获得大奖以后，班上同学如众星拱月一般将我围在中间。平时，常常有同学送给我看自己订阅的杂志，耐心地等着我一块儿去食堂，只要我招呼一声，也总是有人很乐意跟我去打乒乓球或者上河边散步。当然，我也是老师眼里的红人。

　　但是，除了我自己，没有人知道，也没有人相信，我的心里埋着深深的自卑。我一直觉得，自己除了会读书、考试成绩好之外一无所长。我羡慕有同学能下一手出色的围棋和象棋，我羡慕有同学在全校运动会上百米跑的那种风采，最后冲刺时在现场掀起的那种欢呼对我来说太陌生也太有诱惑力了。还有能轻松做

144

二三十个腹部绕杠的同学、能写一手漂亮粉笔字的同学、能说几句话就逗得别人前仰后合的同学……我厌恨自己是一个平庸而且乏味的人。

还有一个高个子的同学乐平，此人身上有一股不羁的潇洒劲儿，每次班级活动中都是最活跃的，组织能力也超强。更难得的是，这么一个略微带点痞气的人，学习成绩也很不赖。当然跟我相比还是逊了那么一筹。大概也正因如此，我一直觉得他斜视我的眼光里有一点点敌意。我记得有一个晚上，在二三十人一间的大寝室里，他用一贯看不起人的口气在那儿对另一个同学说："有什么了不起的？"我听了以后马上就心虚地以为他是在讥讽我。因为就在那天傍晚，班主任直接任命我为校刊的副主编，我的心里满是战战兢兢，觉得像乐平这样的人肯定不服气。但是我当时什么也没说，只是有点难受又有点不安地入睡了。

转眼高中毕业 20 年了，我跟乐平早已成为很好的朋友。聊天时说起往事，他怎么也不相信我居然还会自卑。他说他才自卑呢，他表面上嘻嘻哈哈，但也曾暗中发力试图冲击我学习上的霸主地位，但每一次都失败，眼看我似乎在不经意之中斩获一个个奖项，他的心里也逐渐从嫉妒变成了佩服。他说之所以不太跟我说话，就是因为我不太跟他说话。

他还说，如果那些成绩不佳的同学知道我那么羡慕他们，恐怕也不至于自动把自己归入"差生"的阵营，觉得中学几年了无意趣了，因为他们能从优等生的自卑感里收获一点自信，在"分数至尊"的畸形校园环境里也多少能体验到一丝成就感。

如果你羡慕优等生，那么请相信你自己一定也有值得他羡慕的东西，这个世界上的尺度永远不会是单一的，野百合也有春天，你根本无须自卑。如果你是优等生，当然也没有必要太过苛求自己的完美，世界上没有完美的人，每个人都有自己的软肋。但倘若心里会冒出一点点的自卑感，那也未尝不可，这点骄傲感背后的自卑感可以提醒你，你没什么好膨胀的，你只不过是一个小小考场上暂时的领先者而已，真正的挑战永远在考场之外。

/别害怕成长和成功/

小馨从财经学院国际会计专业毕业后，去了一家银行工作，生活如水般平静。28 岁时，小馨第一次有了跳槽的冲动。半年后，一家银行在当地设分行招人。一个前领导向她伸出了橄榄枝，并开出了丰厚的待遇，小馨心动了。

小馨跟那边相关负责人见了几次面，对方对她颇为赏识，也寄予很大期望。但让人不解的是，小馨最后竟放弃了这次企盼已久的机会，仍在原岗位待了下来。

人的内心害怕失败的同时，隐约还有对成长和成功的害怕。这就是著名的人本主义心理学家马斯洛提出的"约拿情结"。"约拿"是《圣经·旧约》里的一个人物。他是一个虔诚的基督徒，渴望能得到神的差遣。神终于给了他一个光荣的任务，去宣布赦免一座本来要被罪行毁灭的城市尼尼微城。约拿却抗拒这个任务，逃跑了。神的力量到处寻找他，唤醒他，惩戒他，甚至让一条大鱼吞了他。最后，几经反复和犹疑，他终于悔改，完成了使命。"约拿"指那些渴望成长又因为某些内在因素害怕成长的人，而这种在成功面前的畏惧心理，就是"约拿情结"。

"约拿情结"是人类普遍存在的一种心理现象。我们既想取得成功，但面临成功时，却又总伴随着心理迷惘；我们既自信，但同时又自卑；我们对杰出人物即敬仰，但又总是有一种敌意；我们敬佩最终取得成功的人，而对成功者，又有一种不安、焦虑、慌乱和嫉妒；我们不仅躲避自己的低谷，也躲避自己的高峰。"约拿情结"发展到极致，就是"自毁情结"，即面对荣誉、成功或幸福等美好的事物时，总是浮现"我不配"、"我受不了"的念头，最终与成功的机会擦肩而过。

在很多国家的文化中，尤其是集体主义文化中，谦虚都是一种美德，大家都喜欢"低调"的言论和行为，讨厌甚至敌视喜欢"唱高调"的人。出于安全的需要，往往会披上"谦虚"的外衣，隐藏自己的真实个性和想法，而去迎合社会中普遍流行的观点和行为方式。如此也就放弃了自己成长的最高可能性，失去了棱角，最终成为平庸的人。面对无处不在的社会力量，只有少数人敢于打破平衡，认识并克服自己的"约拿情结"，勇于承担责任和压力，最终抓住机会并获得了成功。

"约拿情结"，说白了就是不敢向自己的最高峰挑战。如果我们逼迫自己勇攀最高峰，总有一天会发现，所有我们曾经畏惧的东西，都会被我们踩在脚下！

成熟的代价是受伤

周末下乡，临走时，舅舅从院内柿树上摘下一袋柿子，要我带回家中。是那种土生土长的柿子，个头小巧，呈椭圆形，里面一般两至三个硬核。这种本地柿子吃起来绵绵甜甜，回味久长，不同于嫁接改造后的无核柿，虽个大无核，吃在嘴里却似一股白水味。

舅舅采摘的都是已开始泛红，但并未完全成熟的硬柿子。舅舅说，这样便于携带，回家去保存的时间也长些。

回到城里，按舅舅教的，把硬柿子全部倒入米袋里催熟。第二天，就有好几个柿子变红、变软了，我们一家人高兴地挑出熟透了的柿子，大饱口福。以后，女儿每天放学回家，第一件事便是到米袋里挑柿子，一个个捏着看，熟了就拿出来吃，我们算是彻底理解了"柿子拣软的捏"这句话。

当米袋里只剩下五六个柿子时，天气骤然变凉，温度低了许多，而这几个柿子仿佛也怕冷似的，一个个进入"冬眠"状态，再也不肯变软了。女儿几天下来，一个个捏了个遍，失望地说，爸爸，这些柿子大概是不会熟了吧。我也很奇怪，凑上去看，只见几个柿子表皮都微微发皱了，却仍然坚硬如石，没有丝毫成熟的迹象。我把它们全部埋入米中央，可第二天依然如故，不由和女儿一样泄气了。

这天，我舀米做饭时又碰到那几个硬邦邦的柿子，觉得碍手碍脚的，就拿碗舀出，准备扔掉。来家里看孙女的母亲见了，问，这么好的柿子为什么要丢呢？我说了原因，母亲吩咐我，你找些小竹片来。我不解，母亲说，现在天凉了，柿子当然难以成熟，但如果往每个柿子里插一个小竹片，就熟得快了，小时候我见你外婆总是那样做，很有效的。我一时找不到竹片，就拿来几根竹牙签，按母亲说的一一插入柿子里，再把它们放入米袋。我将信将疑地问母亲，这样不会烂吧？母亲说，不会的。

过了两天，正在看书的我听到女儿惊喜的叫声，爸爸，爸爸，快来看，柿子都变软了。我来到厨房，拿起柿子一捏，果然一个个都软乎乎的，插入牙签的地方虽有点发黑，却并没有烂，剥开一个一吃，甜美如醇，是那种久违的味道。

没想到母亲的法子还真管用，原来，成熟有时是以受伤为代价的。

把缺陷变成优势

杰克·韦尔奇被誉为"全世界最受欢迎的CEO"，他在35岁就当上美国通用电气总裁，在上任的20年时间里，他把通用电气的市值从130亿美元提高到4800亿美元，排名更是从世界第10变成全球第一。然而，就是这位天才管理学家、谈判专家，竟然是一位天生的口吃"患者"。

韦尔奇从小就因为自己的口吃而自卑不堪，他在学校里几乎每次一开口说话，就会引来许多同学的嘲笑，有时候被老师点名站起来回答问题，甚至连老师都会被他的口吃给逗笑起来。所以韦尔奇几乎从不和同学们交朋友。

后来，韦尔奇进入了塞勒姆市立中学读书。有一次，他因为心算能力优异而被学校选中参加一个心算数学比赛。在一道抢答题中，老师出了一道比较难的心算题，韦尔奇在抢答时又犯了口吃：

"我、我、我……认、认为……"就在停停顿顿地说着这几个字的时候，韦尔奇忽然意识到自己将要说出口的那个答案是错的，同时还想到了正确答案，于是他很快改口，接着回答出了那个正确的答案。最终，韦尔奇获得了全市第一名的成绩。

韦尔奇兴奋极了，他没有想到口吃的毛病竟然帮了自己一个大忙。他意识到，口吃原来并不完全是一种缺陷，有时候甚至可以说是一种优势，因为它能使自己增加几秒钟的思考时间。

从那以后，韦尔奇渐渐地开始正视起了自己的口吃毛病，也开始敢于和人沟通交朋友了。而口吃使他增加的思考时间，又使他在人际交往中变得更加富有智慧。

韦尔奇大学毕业后，进入美国通用电气公司，他把"口吃"与"思考"的关系同样带入了工作中，再加上工作努力，韦尔奇很快成为了公司最受器重的人。

有一次，当时的通用电器总裁带着韦尔奇去参加一个酒会，酒会上，当地的商会主席告诉总裁说许多公司都想抬高股票价格，以获得更大的利益，他希望总裁能够和大家一起这样做。通用电器的总裁说稍后给他回复。没多久，他让韦尔奇去告诉主席说他同意抬高股票价格，就在韦尔奇找到商会主席想转达总裁的意思后，口吃又犯了："我、我、我们……的总裁先生……"

就在这断断续续的过程中，他突然意识到一个很重要的环节，因为当时正值经济萧条期，盲目抬高股票价格不仅不会有什么利益，反而会有更大的害处。刹那间，韦尔奇把原本那句"我们的总裁先生让我告诉您，他同意提高股票价格"改成了"我们的总裁先生让我告诉您他明天再跟您联系！"

韦尔奇的这次表现果然使公司避免了一次重大损失！这让总裁大为赞赏，更是给了韦尔奇前所未有的器重。多年后，老总裁毫不犹豫地把自己的位置传给了韦尔奇，没错，从而使美国通用电气历史上诞生了一位最为年轻的 CEO！

"世界上没有一种绝对的缺陷，只要具备一种乐观积极的心态，任何缺陷都有可能成为你的优势——即便是像我所患有的口吃！"多年后，韦尔奇在他那本被誉为是"CEO 的圣经"的《杰克·韦尔奇自传》中，这样写道。

闭上眼，看见心

窗户有开有合，眼也一样，睁闭、合开各半。

睁眼神在外，闭眼神在内。在内好，在外好？苍茫人生分两半，上半，以外在为乐为美；下半，以内在为安为宁。每天睡眠不得少于12小时的嗜睡者和每天只睡3小时精力过剩的人，都一样，没有眼睛只睁不闭的。只睁不闭，不叫眼，叫窟窿，吓人。

人形成之初，作肉芽在母腹中时，就是闭着眼睛来的，出生两三天后用母乳擦拭，学着睁眼。直到大了，十五六知人事，才叫浮世懵懂全睁开。真正洞悉生活，不毛躁，那要待三十而立之后了。成年独立后的一个重要标志，就是在看之上、看之外，学会、懂得内视修为闭目思。明白人眼从来就应是有开有合，半睁半闭，或者时睁时闭时，人已是发现花白，有了辎重的阅历了。人能自觉闭眼关窗户，都是后半生的事，老了以后，尤悉知闭目歇神，闭目养眼，闭目敛心。

当然，也有例外，朋友说：儿时背书练习默记，就学会闭眼。睁着眼睛读的，不往心里去，只有闭上眼睛才入心。原因，闭就是藏。庄子曾说：非闭其言而不出也，非藏其知而不发也。

同龄作家，早年养成的创作习惯，就是晨醒后闭上眼睛思，在身心一点疲惫都没有时，一任胸中这人那人、这事那事遐想串联，直到让灵犀停留在一个点上，霍然而出，找到纸和笔迅速记下来，开始一天的工作。他说他的许多诗点文题，都是这样找到的。这种因闭目神驰而生发的，唯属自己的悟觉，太美妙和动人了。

人称开慧，佛叫灵光。罗丹叫"视觉感知之外，用心灵回答心灵"。世上许多艺术灵悟，都是在看过之后的闭目沉思中（包括眉头一皱、眼睛神奇地一眨后）闪现和得到的。

睁眼见光，闭眼得慧，睁眼看世，闭目读心，所谓夜思，就是闭目。

一千多年前，有个叫慈照的法师，受问禅。什么是道？答四个字：车碾马踏。什么是道中人？答仍是四字：横眠竖坐。慈照的回答很实际，也很干净，我以为，前面的"车碾马踏"，是睁眼见；后面的"横眠竖坐"，就是闭上眼睛思。无论横竖，人能闭上眼睛思，就比光靠睁眼睛看厉害。

活着，不但明神，还应知道闭眼，知道有些东西不消看、不需看时，方进入高界。越是排除杂念，微闭双眼，不为睁眼看到的景物所分神，越是思得灵、思得深。与慈照同代的另一位叫光祆的法师，回答什么是清净法身时，也曾只说过四个字：满眼埃尘。他的意思是，只有当你观什么都如尘似埃、都是土时，你的心自是净了。

世上有许多事情，是你看见，才叫幸福，才叫享受；同样，有许多事情，是开目则消，闭眼则见的。

还有一种闭眼，是关键时刻的放胆怯忧，就像小时候，面对最惊险的事，怕字当前，闭上眼睛，结果一跃似飞地越过，从此练就勇敢一样。

相传古时有位剑客，自谓武艺高强，一天沿溪流进到两山之间，遇一绝壁上的独木桥，四周峰高石险，下面是万丈深渊，剑客看罢转身时，身边过来一位盲者，拄着棍儿，履清风踏平地一样，无忌地走过去。剑客大吃一惊，自忖：因为我有眼，所以生惧，转身，但只要闭上眼睛，就什么都不怕了，于是他复转身，定心闭眼，照直走去，十分顺利地走过独木桥。自此他获得"有目无眼，无目有眼"的心得，运用到剑道上，创出了能平定天下、无所畏惧的无眼剑法。

此系睁眼人照，闭眼神照，许多闲事乱事杂事，包括外在奢华的恶心事，都是不消看、不需看的。

真性用心不需眼，满世界眼睛乱转的人，心都搁在别处，不在自己的心上。

鞭策我们的是凛冽的眼神

同一个出身草莽、业有小成的朋友聊天，提及他记忆最深的一件事情，让我意外的是，竟然是 N 年前的一束目光。

彼时，他还是一个混迹在城市最底层的保洁工。那天，本来是一个让他异常兴奋的日子，一直到处打零工的他，刚刚谈妥了一整栋写字楼的保洁工程。同人签订协议后，他控制不住内心的激动，提着水桶就开始了工作。

斜阳西下的时候，他已经清扫干净了写字楼的天台，看看天色不早，笑嘻嘻提着干净的拖布进了电梯准备回家。正是下班时间，电梯里，很多衣着光鲜的白领鱼贯而入，见到他，几乎所有人都愣了一下。

他开始还谦卑客气地向着那些白领颔首微笑，可是，很快，他发现，所有人看他的目光，都像一把立起来的刀子。凛凛的刀锋向着他，戒备、嫌恶、鄙视、冷漠。虽然没有人指责，可是，那些刀子一样的眼神，还有他人自动同他屏蔽开的距离，都无声地表明了一个立场——这里，不是他应该出现的地方。

朋友局促不安地站了片刻，到底，他承受不住这样的歧视，在电梯门再次打开的瞬间，仓皇地跳了出去。他的身后，响起一阵细碎的议论，然后，电梯门缓慢冷重地合拢了。

那天，朋友一个人从20楼走到1楼，背上的汗水早就干了，可是，眼中的泪水，却一直在。那栋写字楼的保洁工程，他一共干了两个月，两个月中，他再也没有坐过一次电梯。每晚，他一定要等到所有人都离开那座大楼，才拖着疲惫的身子，一个人孤独地从36层的高楼一级一级地向下走。

说到今天的成就，朋友有片刻的寂然："你知道干成一件事情有多难。这些年，很多时候，我也会有灰心和绝望，可是，每到这样的时候，我总会记起电梯间那些刀子一样的眼神。一想到他们，我浑身就充满了莫名的力量。我不想一辈子都被他人锋利地鄙视，也相信，虽然我们的出身和教育环境不同，但有一天，我可以凭借自己的力量，同他们活得一样充满尊严。"

朋友的铮铮铁言，让我深受触动，那个瞬间，我想起江苏卫视著名主持人孟非的一段经历。

在成为江苏卫视主持人之前，孟非曾在一个印刷厂做过工人。印刷厂设备还很落后，干半天工作，孟非和他的同事们，浑身就会沾染不少黝黑的油墨。因为都是同类项，孟非和同事们，并没有觉得身上的乌黑有什么了不起。一天，他们去别的单位食堂打饭。看到很多人熙熙攘攘地挤在一个窗口排队，孟非笑嘻嘻地同身后一个老工友讲："看咱们多幸运，这个队伍一点都不挤。"

老工人这时说了一句让孟非记了一辈子的话："那是人家嫌我们脏，所以宁肯在那边挤成一团，也不到这边来。"

当时尚为莽撞少年的孟非，这才注意到那些人偶尔漂移过来的眼神，警惕得好像一头兽，好像他们并不只是衣冠有别的同类，而是让人嫌恶的异类，恨不得凭空生出一道道篱笆将他们与自己远远地隔开。

那天的午饭，同往日一样丰盛，孟非却一口都没有吃下去。在那样压抑和愤怒中，他萌生出强烈的意志：一定要活出个样子来，让这些鄙视冷漠他们的同类知道，这一队衣着污秽的工人，其实灵魂同他们一样干净，甚至心灵的花园比他们还要丰盈。

我们可以看到的幸运是，十几年之后，孟非终于实现了当初的宏愿。而在更广袤的世界，我们没有看到的幸运是，更多的草根英雄，崛起于乡野，如大鹏展翅，从社会的最底层扶摇直上，成为了奋斗的奇迹。

我不知道，当初轻易将轻视和敌意变化为刀锋一样眼神的人们，如果知道昔日的麻雀已经变身为凤凰，想起自己当初的浅薄，会有怎样的心情。

色彩性格学派创始人乐嘉对那些刀锋一样的眼神，有自己的解读。他说，这个世界，对他人的鄙视和厌弃，一般人只会有两种反应。一是内心嫉恨，通过恶的途径来报复敌意和轻视；一是奋发崛起，激励个人成就一番事业，最终令他人对自己刮目相看。

被轻视虽然可以激励成功，但是，我却希望，这个世界，浅薄的伪高贵，能少了再少。因为，纵然被激励的成功可以让人扬眉吐气，但是，那些受过伤害的心上，刀锋一样的眼神，却是一辈子都无法忘记的伤疤。

别让吹捧毁了你

在纽约街头，一位老人守着一堆画作在贩卖。

街头人来人往，有人匆匆忙忙地赶往目的地，有人流连于橱窗里的高级服装，还有人四处看风景，却极少有人在画摊前驻足。

一个小时过去了，两个小时过去了……终于有一个孩子在画摊前停了下来，他对那些画充满了好奇，左看看右看看，然后冲妈妈撒娇，要买两幅回家。妈妈朝画作看了一眼，脸上露出不屑，一边拉扯孩子的手一边训斥："这种垃圾要了干吗？"但是，孩子说什么也不肯走，并开始大声哭泣，妈妈无可奈何地叹了口气，开始询问价格。老人报出 60 美元的价格后，妈妈略显吃惊，这个价格真的很便宜。她爽快地掏了钱，让孩子从中挑了两幅。

画摊前重又变得冷清。尽管老人拿抹布将画作擦得干干净净，还是无人问津。

7个小时后，一对夫妻在画摊前停了下来，妻子看了看那些画，转头对丈夫说："这些画真有趣，咱们不是刚买了新房子吗？就用它们来装饰吧！"丈夫脸上露出不悦，不满地说："这些地摊货太没品位了，别人会笑话咱们的！""把它挂在孩子的房间很合适啊。"妻子坚持，并开始询问价格。不过，她觉得价格有些贵了，开始砍价，最终，以五折的价格买走了两幅。

直到夜幕降临时，画摊才迎来了第三位顾客。那是一位老太太，她仔细端详着那些画，时而点头，时而摇头。老人见她感兴趣，连忙走上前搭讪："这些画很便宜的，60美元就可以买到，如果你拿出去卖，一定会翻几番的。"这话，老太太根本就不相信，嘀咕道："别忽悠了，这些画哪能转手卖得出去？我只是觉得它还算有趣，想买几幅送给孙女。"老太太左挑右拣，好不容易从中挑中了四幅。

整整一天时间，老人只卖出了8幅画，进账420美元，而整个卖画过程，画作的主人都躲在一边看得一清二楚。他没有告诉老人，这些画都有自己的亲笔签名，每一幅价值都至少在3万美元，而且供不应求。

看到这里，大家一定觉得很奇怪，为什么3万美元的画，却要60美元贱卖呢？一天下来，损失就是24万美元啊，难道画家疯了吗？

当然不是，画家付出如此昂贵的代价，只是想提醒自己：看，你没什么了不起，并不是人人都喜欢你的画，一切不过是虚名，你必须更加努力，画出更好的作品，这样，你的人生才会一直保持高价，不至于跌成地摊货。

他就是英国著名涂鸦艺术家班克斯，每当被各种荣誉和夸赞吹捧得志得意满时，他就会用这种方法强迫自己保持冷静，正因为如此，他的作品才越来越好，并长盛不衰。

普雅花的坚守

在南美洲安第斯高原海拔 4000 多米人迹罕至的地方，生长着一种花。花期只有两个月，花开之时极为绚丽。然而，谁会想到，为了两个月的花期，它竟然苦苦耗尽了 100 年的光阴。

在这 100 年中，它只是静静伫立在高原上，栉风沐雨，用叶子采集来自太阳的点点光辉，用并不粗壮的根一点点地汲取大地的养料……就这样默默积聚着自身的能量，饱受着风霜的煎熬，坚守着自己生存下去的信念，等待 100 年后生命绽放时的惊天一刻。然而即使在这惊天绽放的一刻，它被人们发现的机会相当的少，如果在这两个月的花期中，它不被人们发现，它将静静地死去。

感谢上天，有两位旅行家先后发现了它。第一位是在它艰难伸展枝叶的第 30 年，另一位是在它花开的那一年。第一位只留下短短的一句记载——它活过了 30 年；另一位是一位叫安东尼奥·雷蒙达的旅行家。后者在南美徒步探险，已是精疲力尽时嗅到了山顶上浓郁的香气，并最终闻香寻径找到了它。安东尼奥·雷蒙被眼前情景惊呆了：高达 10 米的巨大花穗，像一座座塔般矗立着。每个花穗上约有上万朵花，空气中流动的浓郁香气包围了整个山谷。

那一年就是 1867 年，于是这种不知名的花有了自己的名字，人们管它叫"普雅花"（英文名为 Puya raimondii）。它的花语后来被人们称为"坚守"。

那时的许多人可能还不知道，在地中海东岸的沙漠中，同样生长着一种与"普雅花"相似的植物。它也不按自然的常规来舒展自己的生命，如若没有雨，它一生一世都不发芽、不开花。它与普雅花一样默默地储蓄生命所需的能量，坚守着生存下去的信念，固执地等待百年难遇的一场雨，哪怕只是一场毛毛雨，不论这场雨落在日里，还是夜里，它都会抓住这一千载难逢的机会，迅速发芽、开花。并且赶在水分被蒸发之前，抓紧时间做完结子、传播等所有的事情。

这种植物似乎只属于地中海东岸的沙漠，它的名字就叫沙漠蒲公英。

如果说，普雅花承受了百年的煎熬，攒足了一个世纪的颜色，圆了自己百年的梦想，最终以坚挺、庄严的姿势向世人见证了它活着的价值。那么，与普雅花相比，沙漠蒲公英的花期，甚至它生命中有价值的那一部分更为短暂，甚至它的花色太过平凡，根本无法与普雅花惊世之美相比。但与普雅花一样，因为它穷尽一生的坚守，顽强生存下去的智慧与信念，同样赢得了世人的尊敬。

用百年风霜中的坚守换一次的美丽，用长达一生的时光换一季的花开，这需要多么惊人的信念与智慧。人的生命不过百年，就是在地震、泥石流、洪灾、空难、金融危机等种种不可卜知的灾难与威胁发生在我们身边的今天，仍然有许多人不能明白，有时，生存下去——才是最大的机会；而往往最伟大的成功，也并非为了灿烂世人的眼睛，不过是在丰盈自己的一生。

努力才是最聪明

　　小铁上初二的时候，有一天下午我和他妈妈出门，问他去不去，他摇摇头，一个人闷在家里。晚上，我们回到家，他问我："发现咱家有什么变化吗？"我望了望四周，一切如故，没发现什么变化。他不甘心，继续问我："你再仔细看看。"她妈妈眼尖，看见脸盆和旁边的水管上贴着小纸条，上面写着脸盆和水管的英文名称。

　　我这才发现屋子里几乎所有的地方，柜子、书桌、房门、音响……上面都贴着小纸条，纸条上用英文写着它们的名称。每张小纸条都剪成手指一般窄长形的，不仔细看还真不容易看到。

　　他很得意地望着我笑。不用说，这是他一下午忙碌的结果。

　　我表扬了他。那一年，他对外语突然有了兴趣。他所付出的努力一般是在家里，总是默默的。它贴满在家里的那些小纸条，仿佛是安徒生童话中神奇的手指。他抚摸着那些东西，使得那些东西花开般的有了生命，和他对话，彼此鼓励，使得枯燥而艰苦的学习有了兴趣和色彩，有了学下去、学到底的诱惑力。

从小到大，总是有人夸奖小铁聪明。读中学时，他的老师当着班上的同学表扬他，说："只要肖铁想学好哪一门功课，他总是能把它学好。"同学们也都认为他很聪明，都说他总是很轻松地就把学习学好了。小铁对此很清醒，每当别人夸他聪明时，他从来只是笑笑，没有骄傲而忘乎所以。他知道要论聪明，比他聪明的同学有的是，比如当时他最佩服的同学后来都考取了清华大学。他所要做的就是认真，而且重复，把要学的东西弄得牢靠扎实。

当别人夸奖小铁聪明时，我当然很高兴，虚荣心得到了满足。但是我也很清楚，孩子是以他的刻苦取得他应有的成绩的。

有一次，和另外一所学校的同学开座谈会，有个同学问他为什么能取得那么好的成绩？他回答说："没有别的好办法，就是得学、得背。比如历史，老师带领大家复习之前，我已经把书从头到尾背了3遍了，而且要注意背那些图边上和注解的小字，要背得仔细，才能万无一失。"

那天，我坐在他的身边，听到他的话，我很高兴，比他取得好成绩还要高兴。也许，只有我知道他是如何刻苦的。小学毕业时我整理他书桌抽屉，光从四年级到六年级三年的作文练习的草稿，就装满了一抽屉，每一篇都改过不止一遍。小学毕业准备考中学，他把所有要背的准确答案都录在录音机里，每天晚上躺在床上先把录音机打开，一遍又一遍地听，哪怕睡觉前一点时间也绝不浪费。而光他抄写别人文章的本子，做笔记的本子，不知该有多少……

有时候，他很贪玩。中学时迷恋 NBA，哪怕考试再忙，电视只要有 NBA 的比赛，他是必看不误，怎么说，他也是雷打不动。为此，我和他发生过冲突。想想都快要考试了，他还在整晚看电视，做家长的心里能不慌？冲突到了极点，弄得他哭着对我说："我什么时候因为看 NBA 把功课耽误了？我现在看电视耽误的时间，我会用别的时间补回来。"

现在，我相信他了。大学期间，他时间更紧张了，偶尔回家一趟，或是陪他妈妈逛商店，或是陪我聊聊天，其实是很耽误他时间的。我们大人的时间显得越来越庸散了，但孩子正是忙的时候。也许好不容易看到孩子回家一趟，我总想和他多说说话，便缺少节制。而他变得懂事多了，从来没有不耐烦，总是放下手中的书，听我说完之后，他会跟他妈妈开玩笑："妈，你看我爸又耽误了我的时间，我得晚睡几个小时了。"

有一次，他让我帮助他买盏应急灯，说晚上一过 11 点，宿舍就熄灯了。我劝他少熬夜。他说同学都这样，每个人的床上都有一盏应急灯。应急灯要是妨碍同学了，他会骑上车跑出校园，到学校旁边的 24 小时永和豆浆店，买点吃的，就开始温书，一坐就是一个通宵或半夜。

虽然，我不赞成他熬夜，但我赞成他刻苦、努力。在智商方面,孩子之间的差别不是很大,关键在于每个人付出的努力不一样,结果就会不一样。要知道,聪明只是一张漂亮的糖纸,外表可能闪闪发光挺好看,但包裹在里面的东西才是最重要的,这重要的东西就是刻苦。

大四的那年,他考了托福和 GRE,考得都不错。

十年过去了,孩子如今已经在美国读书。他的房间空荡荡的,却总能发现在他的茶杯或玩具的背后贴着当年他写着英文小纸条。

你多久没饥饿感了

突然问了自己一个问题：我有多久没有饥饿感了？

我回答不上来，大概有好久好久了吧。现在我总是饱饱的，来不及等到饥饿感光顾，就又开始吃东西了。

听母亲说，我的祖父在年轻的时候外出讨饭，饿死在了路上。我常常抑制不住想象那悲惨情形，恨不得穿越时光跑到我年轻的祖父身边，递给他一个神圣的馒头。

我的母亲也曾饱受饥饿之苦，她说："有一回，我跟你二舅饿得要晕过去了，就一人喝了一碗凉水，吃了两瓣大蒜。"我的母亲捍卫起过期食品来十分卖力。我要扔掉一袋过期饼干，她会连忙夺过去，打开袋子，三块三块地吃，边吃边说好吃。我再执意要扔掉某种过期很长时间的食品，她就急了，说："我也过期了，你把我也扔了算了！"

挨过饿的人，对食物怀有一种近乎畸形的珍爱。

电视上一个老红军回忆说，爬雪山、过草地的时候，他们吃皮带充饥。妹妹的孩子好奇地问："皮带怎么可以吃呢？"妹妹说："因为是牛皮的吧。"妹妹的孩子继续追问："那他们为什么不吃牛肉呢？"——这个孩子一向视食物如寇仇，以她现有的理解力，断不会明白人何以会饿到吃皮带的程度。

有一次，我和一位姓刘的女士对坐用餐，我们吃的是份饭。面对一个馒头和一荤一素两个简单的菜，刘女士双手合十，闭目默祷，我拿起的筷子倏然停在了空中……她吃得那么香甜，我甚至怀疑是她的祷告词为那寡淡的菜蔬添加了别样的滋味。

据说僧人用斋时要"心存五观"："计功多少，量彼来处；忖己德行，全缺应供；防心离过，贪等为宗；正事良药，为疗形枯；为成道业，方受此食。"用斋亦如用功，不可出声，不可恣动。

我常想，对寻常的一饭一蔬都怀有神圣感的人，一定不会漠视造物主的种种赐予吧。

听一个医生说，适度的饥饿感是有益健康的。他说，人在不饥饿的时候，巨噬细胞也不饥饿，它便不肯履行自己的职责；只有在人有饥饿感的时候，巨噬细胞才活跃起来，吞噬死亡细胞，扮演起人体清道夫的角色。他甚至说："饥饿不是药，比药还重要。"

被饥饿感长久疏离的我，多么想要这样一种感觉——饥肠辘辘之时，捧起一个刚出屉的馒头，吃出浓浓麦香。

尼采说："幸福就是适度贫困。"一部分先富起来的国人听到这话肯定很不爽吧？他们可能会骂尼采在胡说，骂他吃不到葡萄就说葡萄酸——我们好不容易富起来了，你却跟我们扯什么"适度贫困"！

食物富足了之后让人适度饥饿，跟钞票宽裕了之后让人适度贫困一样惹人不快。曾几何时，贫困和饥饿恣意蹂躏无辜的生命；今天，走向小康的我们还不该报复性地挥霍一番吗？就这样，浅薄的炫富断送了必要的理性，餐桌上的神圣感迟迟不肯降临……

我很喜欢为母亲炒几个可口的小菜，再陪她慢慢吃。那么享受，那么陶醉。我知道我总是试图替岁月偿还它亏欠母亲的那一餐餐的饭。菜炒咸了，母亲说正好；菜炒煳了，母亲说无碍。我带着母亲下馆子，吃完了打包，她跟服务员说："除了盘子不要，其余都要。"

在物质极其丰富的今天，为了铭记伤痛，为了留住健康，为了感谢天恩，我们太应该唤醒自己对一蔬一饭的神圣感，在珍爱中祝祷，在微饥中惜福，在宴飨中感恩——不是吗？

穷学生和富学生

一位小学一年级学生的妈妈对我说，孩子回来问：班上有同学背的书包是 600 块买的，我的书包是多少钱买的？她妈妈一时没想起该怎么说，就回了句：瞎说，哪有 600 块的书包？我同学的儿子也问过类似的问题：妈妈，我们家是穷还是富啊！我同学说：不算穷也不算富吧。

看来，对中国父母们来说，引导孩子有个正确的金钱观已经成了新课题。这是我们这一代人的父母辈们不懂得也不需要研究的领域。我上小学一年级的时候，同学家庭的贫富差距最多不过是 12 吋彩色电视和 12 吋黑白电视的差距。

这种家庭经济状况的差距同样影响着正在为找工作发愁的大学毕业生们。

是找一份稳定的、收入不错的但没什么意思的工作，比如考公务员、进央企，还是找一份自己感兴趣、但不稳定、收入也不一定高的工作，一直是给我来信的应届大学毕业生的典型问题。我突然意识到，之所以有这个问题的产生，部分原因也和贫富差别的产生有关，因为班上的有些同学已经没有经济顾虑地去选择有兴趣的工作了，或者干脆选择在家里啃老。而在我们大学毕业的年代，根本就没有这个选择，甚至根本想象不到还有这个选项。

我以前有个实习生就靠着殷实的家庭背景，先是从上海财经大学以优秀毕业生的身份被毕马威录取，为了圆梦新闻理想，大四下学期到 FT 中文网实习，工作一年后发现毕马威的工作与自己的兴趣不同突然辞职，去华东大学读了个时装设计学位，拿到文凭后又看到成立时装品牌工作室是非常困难的事。闲了一段时间后，和朋友合伙创业，不久前告诉我，现在运营得挺不错，也很喜欢这个事业。在这兜兜转转的过程中，她的父母给了她坚实的经济支持。

与大多数人相比，她当然是幸运儿。但我的想法是，如果能说服父母为自己"寻找理想"的过程投资，未尝不是一件好事。这其实与大量的创业者公司四处说服投资人为自己的公司投资道理是一样的。当然，既然是"融资"，就要有偿还的条款，就算父母还不适应跟孩子建立商业契约，你也要清楚，拿人家的手软。其实不要回报的父母才是最需要警惕的，也许他们其实是希望控制你的整个生活。

对"融不到资"的大学毕业生，我的建议还是怀揣着理想与兴趣，先去找一份薪水高的工作。其实对大学生来说，最缺的不是专业技能，而是社会经验。先找到一个能容纳自己当社会的螺丝钉的角落，静下心来，揣摩这个社会的运作规律，同时，慢慢寻找自己真正的兴趣点，以及占领这个兴趣点所需要的知识结构。在如今这个资讯四通发达的时间点上，我不觉得非得去大学才能学到知识。公交车上，办公桌上，卫生间里，都可以学习。用《士兵突击》中的话说，只要"不抛弃，不放弃"，理想与兴趣是不会随着你找了什么工作而消失的。

对于找不到高薪水工作的毕业生，我的建议是卧薪尝胆，要求免费实习。实习是接触社会的一个途径，也是另一种学习的方式。但是如果在大城市，这意味着每个月至少需要 1000 元的生活费支出，而且是在吃住条件相当艰苦的条件下。对于没有思想准备经历这段阵痛期的年轻人，我不建议这么做。但对于能够战胜这个困难时期的年轻人来说，这个社会将张开双臂欢迎你。

5

CHAPTER 05
像树一样生活

追求树一样的人生，像树一样生活！
只要生命还没有结束，
就要在自己的岗位上尽职尽责、默默奉献。

/种 子/

凡是有生命的东西都来自于一颗种子，种子是一切希望的开始。

种子是一个小小的圆，一个离太阳最近的圆。它模拟着太阳，发出芽，长出叶片和枝干来同太阳进行最为亲切的交谈，共同完成天地间的精神往来。

太阳很小的时候，就知道把光明送给所有的人。种子是太阳最忠诚的粉丝，所以，它很小的时候就头顶厚土和梦幻，仿佛它本能地懂得，举起多少艰难与困苦，就会获得多少欢乐与幸福。

种子很小，然而却是一个饱满的圆心，一个再小的种子都能让宇宙围绕着它画一个最大最美的圆且围绕着自己有节律地旋转。一颗种子用一生的努力生长，用不停扩大的直径将天地支撑。

再小的一颗种子都能胜过威力巨大野心膨胀的原子弹，因为它的存在从来不是为了破坏而是为了成全。春天会来，然而没有种子的成全，天地间仍是一片沙漠与空泛；春风会来，然而没有种子的成全，它的歌唱就不会有韵味只能沦为咿呀嘈杂的空喊。种子有足够的力量用头顶刺穿千年厚土的盾牌，于是，它一睁开眼就能看见蝶舞蜂飞姹紫嫣红的春天。种子从一发芽开始，就每天打开一幅美妙绝伦的绮丽画卷。

　　我曾打开过一颗种子，窥探过一颗种子的内心。那是一片嫩绿，像一个神圣的胎儿，在母亲的子宫里健康的孕育。它又像一束不停燃烧着寂寞与黑暗的火苗，它会在春天到来的时候突然蹿高，让地上的世界因此而分外妖娆。一颗种子的内心保持着高度的清醒，它随时准备响应春天的号令。

　　我曾把一颗种子随意地丢在手掌上，无论把它放在哪里，它都会从高处滚下去准确无误地找到我的手心，就像水闭上眼睛也能找到最低处的大海一样。那一刻，它从我的手心走进我的内心，那一刻，种子和我的手心成了知音。这让我明白，种子最懂得自己的使命，它随时等待着被掩埋，并在掩埋中快乐地成长。对于种子，只有土地才是天堂，土地之外全是地狱。所以，我们应当向所有在大地上从事播种的人致敬，因为他们把种子从仓里拿出来时，就等于开始实现一个伟大的修行，那就是放生。记得一位诗人曾经说过：当年他们栽树的时候，树是他的儿子，多年之后，我们站在树下，都成了树的孙子。

　　到了春天该播种种子的时候，那些勤劳的人就会弯下腰身，他们要和种子一起把自己低到比尘埃更低的泥土里去，从而和种子一起完成春华秋实。西方人也同样有着这样的理念体现，在英语中种子和播种的第一个字母都是 S，都是弯腰驼背的劳动姿势。

种子连同自己的影子一旦被埋进泥土里，它就像鱼被放进了水里，岁月因它泛出涟漪，开出花朵，结出果实，它用自己的向上生长拯救了自己的影子，让自己的影子像高楼一样耸立。经历了春夏秋冬的生长，种子就变成了果实。果实又会重新在来年变成种子。从一个圆滚动成另一个圆，种子实现了生命的轮回，种子在轮回中一再提升自己、认识自己。种子只有变成果实才会有了新生的自己，果实也只有变成种子才能表达对岁月的感激。

小小的种子是一切美好的发源地。从这里长出草，长出树，长出花朵，长出果实，长出桥梁，长出房屋，长出人，长出动物。世上所有鲜活的一切，温暖的一切，美丽的一切，全是因为种子，全是种子的各种各样的变形。

我想，所有幸福或不幸福的人们，只要我们还活在世上，都应当像自己的影子那样向高处的太阳敬礼，向低处的种子敬礼。

水晶般的心愿

　　那个展台上，摆满了各式各样精美的水晶饰品。一个戴眼镜的中年男子，拿着一个紫水晶笔洗向参展的客人们展示。他打开一个小型的强光电筒，将光束对准了那个水晶笔洗，它顿时迸发出了迷人的光泽。

　　我欣赏着那些美丽的水晶饰品，不由得想起一个与水晶有关的故事。

　　很多年前，在小镇的街市一角，有一家小小的书店。那时候，他只有十二三岁，却已经是个十足的书迷了。每次跟着母亲到小镇的集市上卖鸡蛋，他总要找机会到那个小书店里呆上一会儿。

　　那个小书店的老板，是一个60多岁的老者，长得又高又瘦，鼻梁上架着一副大大的黑框眼镜。他每次走进书店的时候，那位老者总是伏在柜台上看书。见他进来，老者便把眼镜往下轻轻地一按，朝他微微一笑，而后继续埋头看书。

那时候的书店还不是开架售书。他就用两只小手扳着柜台，使劲跷着脚，仔细地浏览着摆放在书架上的书籍。每当发现自己喜欢的，他就会让老者帮忙取过来翻看一阵儿。

他那时候上学，父母从来不给他零花钱，但他却把卖酒瓶、牙膏皮等废品换来的零钱积攒起来买书。可是那些书的定价，大都超过了他购买的能力。因此，为了购买一本喜欢的书，小男孩总是要掂量来掂量去，那位老者则不厌其烦地为他拿来拿去。在小男孩看书的时候，他也继续看自己的书。

渐渐地，老者便记住了那个小男孩的模样。等他再走进书店的时候，老者就会主动起身，从书架上抽出一些他认为适合儿童阅读的书籍，然后递到那个小男孩的眼前说："你看这些，有你喜欢的吗？"这也是老者对他说的次数最多的一句话。

有些时候，小男孩站在柜台前看上半天，却因为衣兜里的钱不够，最终只能依依不舍地离开小书店。而书店的那位老者丝毫没有厌烦，他微笑着起身，将那些书一本本地放回原处。

有一次，小男孩被书架上的一套《安徒生童话》给迷住了。然而，3.6元的定价在他的眼里是那么遥远。可他还是鼓足勇气对书店的老板说："爷爷，这两本书可以为我留着吗？我一定会买下它们的。"

老者微笑着点了点头，而后把唯一的那套《安徒生童话》抽出来，放到另外一个书架上去了。

从此，为了攒够 3.6 元书钱，小男孩捡过蝉蜕，也偷偷地捅过蜂巢，然后将它们卖给收购站。然而两个多月之后，仍差 6 毛钱。

其间，他已经往那个小书店跑了几趟。当他看到那套书还静静地躺在书架上时，他才会放下心来。然后，他就会告诉老者，他已经快要攒够书钱了。

老者则微笑着说："不急、不急，书一定为你留着。"

那一天，他跟小伙伴们在河边玩耍，意外在草丛里捡到一块鸡蛋大小，像盐粒一样晶亮的石头。小伙伴都围过来看，其中一个小伙伴说："这是水晶石，一定很值钱！"

小男孩兴奋地问那个小伙伴："真的吗，你说值多少钱呢？"

那个小伙伴思忖了一会儿说："至少可以换你想买的那套书吧。"

于是，他把捡到的那块水晶石藏好。再一次跟母亲去小镇时，他把那块水晶石偷偷带在身上。

他兴冲冲地跑进那家小书店，并告诉书店的老板，他今天是特意来买那套书的。之后，他从衣兜里摸出 3 元钱，连同那块"水晶石"一同放在柜台上。

老者点了点那些零钱，不解地问："怎么还差 6 毛钱呢？"

那个小男孩连忙说："您看这是一块很值钱的'水晶石'，用它抵 6 毛钱行吗？"

哦，老者恍然明白过来。他拿起那块"水晶石"端详了一会儿，摇了摇头说："这不是水晶，而是石英，不值钱的。"

听了之后，小男孩的脸蛋一下子红了。他从老者手中接过那块石英，连同那些零钱，失望地朝门口走去。

老者在他身后犹豫了一下，然后喊道："孩子，把书带走吧，这块石英我看把它摆在花盆里也不错！"

他一边说着，一边找来一张报纸将那套《安徒生童话》包好。从那个小书店里出来的时候，那个小男孩像一下子长上了翅膀，在大街上快乐地奔跑起来。他的心情像外面的天空一样晴朗，不再有一丝伤心的云彩。

许多年过去了，小镇早已变为繁华的城区。那家小小的书店也成为记忆里的一个符号，而那位当年卖书的老者或许也早已过世。但那个小男孩却一直珍藏着那套书，并创作出版了不少自己的作品。因为，那个小男孩就是我。

今天，当我坐在书房里，注视着那一架架自己喜欢的书籍，忽然感觉它们不就是一块块水晶吗？当老者收下那一块石英的时候，其实他已经送给了我一块真正的水晶。或许，正是因为我拥有那么多水晶般的心愿，生活才会闪闪发亮。

一滴雨里多彩世界

自然界中有许多奇特的现象，令人遐思，譬如一滴雨的行程到底有多远。很小的时候，我就注意观察雨在空中的动态。有斜风细雨，波浪起伏，始终是柔美的曲线；有狂风暴雨，急骤而下，看似一条直线，来不及观察它就消逝了，化成一汪水在地上横流……这些都是常见的，也很容易观察。还有一种似雨非雨，它几乎与空气溶在一起。说它是湿润的空气，因为它会飞翔，或者随着空气流动；说它是雨也行，蒙蒙的，绒绒的，要不了多长时间，一低头就有水珠滚落。只有好奇或闲暇之人，才会观察、揣摩如此司空见惯却不知就里的东西。

我在想，水的运动是多么奇妙，从来就没有安分守己过。不了解水的人，总是把自己比做水，譬如上善若水、静水流深、真水无香、水到渠成……其实，水有柔的一面，也有刚的一面。

水变成雨的过程，是非常奇特而辛苦的。众所周知，水的循环系统至少包含三态，即冰、水、汽。它们周而复始，循环往复，从未停止过变幻。这些变幻看起来莫测，实际上是有规律可循的。让水发生千奇百怪的莫测变化的能量来自于太阳，来自于阳光。阳光无所不在。它以另一种形式在你的身体里奔跑，让你的生命发生许多你所不知道的奇迹。

你看不到汽，但一定见过冰和雨。就说雨吧，谁没见过呢。你一定知道雨有什么特点，那些都是物理的，人的感官可以感受到的。你的思想里有过雨的变幻吗？——看看，茫然了吧。是的，雨就像你身边的朋友或亲人，你并不完全了解他们，你看到的未必是真实的他们；他们看到的你，也不是真实的你。

一滴雨里的阳光是灿烂的，明媚的，耀眼的——你看见了吗？没有，肯定没有。你的思想意识里一定有雨过滤的阳光，它不是白色的。白色里有太多的诱惑，太嘈杂，太让人不可思议了。你思想或思维里的阳光是纯洁的、单一的、变化的——随着时间的变化，随着地理方位的变化，随着心情的变化，随着年龄的变化……每时每刻都在变化。它在改变你的生命，改变你的人生，这就是一滴雨中的阳光。不信？那你就再认真地去观察一下，一滴雨是怎么进入你的身体的。你不要管那些朝露是怎么来的，又是怎么去的。

说一件小事吧，那是一个冬天的早晨，我到清溪河畔散步。我突然发现太阳掉进水里淹死了。那天，太阳一直没有露面。我的情绪发生了莫名的变化，或者叫忧伤，或者叫惆怅……反正就是那么回事儿——不畅。我正要离去时，忽然听到一种发自身体的声音："老包，这么好的阳光怎么就不珍惜了呢？"我在想啊，阳光在哪儿？它好像知道我在想什么，接着又说，"我就是阳光啊，在你的身体里。"

原来，一滴雨落在我的身上。此时此刻，我才发现身边有那么多美好的东西一起朝我奔来。与我笑脸相迎的是一位我曾经教过的学生，她邀请我去参加新年的狂欢舞会。我去了，一屋子的阳光，满世界的阳光，多美啊！

回家的路上，我又看到一位素不相识的老太太，她佝偻着，捡拾路边的饮料瓶，一个又一个……那些都是孩子们狂欢时随手扔的。我不好意思地走过去，帮老太太捡拾。老太太露出满脸灿烂的笑容，说："这些小事是我们老太太做的，你们年轻人是应该做大事的。"可是我一转背，老太太就不见了。偏西的太阳出来了，从云层中钻了出来。原来阳光一直没有离开我们。

/幸福的早晨/

早晨，是王维展开的一张白宣纸，然后研墨提笔，准备画一幅山水田园水墨画；早晨，是李白刚斟的酒，正要一饮而尽，却未饮先醉；早晨，是陶渊明挥起的锄头，打算于桃花源开辟出一块新地；早晨，是一篇待写的散文，刚开始遣词造句，而主题已了然在心。

早晨起床，伸一个懒腰，抖一抖睡眠的残屑，拍一拍睡梦的残篇断章，瞅一瞅窗外。窗外的天空像一块布，灰墨色的云朵是布上的墨荷花纹，刚升上半空的太阳给云朵镶上了金边。我想，扯这墨荷缀金边的布来裁一件旗袍，穿了一定好看。这样想着，心里就盛满了欢喜。

挎上菜篮，踏着晨光，去菜市场，采撷一把人间的烟火。

走在马路上，感觉像是置身于音乐后，正在听一场盛大的音乐会。那开车赶路的，鸣着车喇叭，像是小提琴演奏，有点聒噪；上学的孩子，脚步轻快，声音清亮，是笛子的短音；摆摊的、卖早点的，偶尔洪亮地吆喝一声，是钢琴伴奏……来到菜市场，犹如直抵人间烟火的心脏。喜欢看菜农黝黑的脸上淳朴的美，像是见到亲人一般亲切。买一把小青菜，因为青菜上还挂着露珠昨天夜的美梦；挑几只西红柿，因为西红柿红扑扑的脸蛋上藏着阳光的热度；买一把豆角，从豆角婀娜的腰肢上依然可窥见她曾与风共跳了一支如何曼妙的舞蹈。

挎着菜篮，只觉得沉甸甸的。菜篮里装的不仅仅是菜，而是寻常烟火里小小的欢和浅浅的喜，让人感觉如此幸福！

吃罢早餐，照常是侍弄小菜园的时间。也效仿陶家人，在家的院墙边，开辟了一块荒地，种菜。每个早晨，流连于菜园，浇水、拔草、翻土……忙得不亦乐乎。感觉像是从二十一世纪的今天，慢慢回溯到了远古的诗经时代。

《诗经》时代的女人是幸福的。《诗经·周南》里有一首诗说："采采芣苢，薄言采之。采采芣苢，薄言有之。采采芣苢，薄言掇之。采采芣苢，薄言捋之。采采芣苢，薄言袺之。采采芣苢，薄言襭之。"那该是在丽日风清的早晨，三五成君的女人相约着到野外采车前子。车前子或许是那个时代女人们爱吃且常采的野菜。据说车前子也有治不孕的功效。我想，这帮女人里，有新婚不久而未孕的，于是揣着个想怀孕的心思也来采车前子。她们当中也有若干意不在芣苢，她们到田间摘鲜嫩的苋菜、阡陌旁采抽薹开花的荠菜、于四野拔绿得可人的马兰……准备回家做几样可口的特色小菜。待日上中天，她们相呼唤着一起回去。这几个采野菜的女人，有的抱着满怀的野菜如抱婴儿，有的满裙摆的车前子掖在腰带间如同怀孕了似的，于是她们相互取笑着、嬉闹着回家，田野上飘散着她们响亮的快乐的笑声……这便是诗经时代女人们的幸福。他们男耕女织，过着最简单平实的生活，没有膨胀的物欲，而仅仅是一次采撷，也如此幸福！

于晨间的田园，沉溺。有阳光犹如旧友一般每天准时来访，照亮这个生机盎然的小菜园。感觉种菜就如同写作，有相同的快乐。这样一想，顿觉我的小菜园就像一本杂志了。那长得齐齐整整、绿得发亮的小青菜是一首长诗，没有平平仄仄的格律限制，没有押韵词牌的要求，这首诗因而作得一气呵成，如溪水般自然流畅：那犹如女人长发一般披挂满枝头的豆角，是一篇情趣相映的散文，抒情的，怀旧的；那长得高低跌宕、爬得到处都是的番薯藤，是一篇小说，诉说着尘世的悲欢离合、爱情情仇……这些文章，不需要审核，不需校对修改，直接发表在大地这本杂志上，这本杂志不叫"生活"，也不名"田园"，而该是"无题"。"无题"是一种境界，一种佛禅，只有用心参悟的人才能懂！

在这个早晨，我顿悟了。我愿意从物欲的外壳退回自省、淡泊的内核。没有豪宅高楼住，我甘于住我的小隔室；没有车子，我乐于以步代车，享受行走的快乐；没有更多的票子，我愿过粗茶淡饭布衣裙的简单小生活。

当太阳爬上了高高的枝头，俯瞰这个世间，我知道，我幸福的早晨又在另一页，等着我明天去翻开。

/乡村的夜晚/

我的童年时代，是一个贫穷而单纯的年代。

村子里，是连电灯都没有的。要论电器，恐怕也只有手电筒了。家家户户的照明工具都是煤油灯。天一落黑，各家各户的方格子窗户纸里，就透出隐隐的红黄的微亮的光。远远望去，就像一个个朦朦胧胧的萤火虫。

那个时候的中小学生，远没有现在这么辛苦。书包里只有三几本必需的教材和几个相应的作业本子。什么课外读物、辅导材料、同步训练等等，是根本没有的。也没有听说过什么特长班、补习班的。并且，教材的内容也简单得很。当时，整个村子里，连一台黑白电视都没有，更别说什么游戏厅、互联网了。所以，放学之后的时间常常是无比宽裕的。

冬天的夜晚格外漫长。一盏摇摇曳曳的煤油灯旁，围坐着全家人。母亲必须坐在光线最明亮的位置，因为母亲要不断地做针线活。要知道，那时全家人的上上下下，里里外外，春夏秋冬的穿着都是母亲一针一线缝制的。父亲则常常给孩子们讲一些演义故事。当然，那些故事我们往往不知道已经听了多少遍了。所以，那时冬天的夜晚让人感到度日如年。

没有污染的年代，晴朗的日子就很多。每月中旬的夜晚，一盘圆月就明亮亮地悬挂在高天上。这是孩子们最为欢腾的时刻。不用谁去招呼，只要一吃过晚饭，就很快地聚拢了一群，捉迷藏、逮鹧子、抓"特务"。在村子里的夜晚，孩子们的呼叫声更加高亢辽远，能传到各家各户燃着煤油灯的窗户里，传到煤油灯旁父母的耳朵里。好像是路不拾遗、夜不闭户的年代，好多人家是连大门都没有的，只是一个矮矮的木条栅栏，象征性地站立在院门口。捉迷藏的孩子们就常常把那木栅栏用肩膀稍稍用力一顶，就顶起一个空隙，猫一样迅捷地钻进人家的院子里，然后找一个柴火垛隐藏起来。有时慌急慌忙中撞翻了什么工具，咣里咣啷一阵响，惊扰了那家的主人，主人也不发怒，只是虚张声势地在屋子里高声骂一句：谁家的"洋鬼子"——

那时候，村子里还没有电视，县里有一台电影放映机，经常在县里各村轮流放映。各个村子里也没有电影院，都是在宽敞的路口放映的。全县有六七十个村子，即使放映机每天都不休息，轮到自己村子放映一次，也得两个多月的时间。所以，如果三里五乡的邻村放电影，如果也是有月亮的晚上，就会有孩子们三五成群结伴去邻村看电影。一日三餐粗茶淡饭，体格反而更壮实。三五里路深一脚浅一脚跑下来，一点都不感觉累。倒是电影中的神秘惊险情节常常让孩子们大呼小叫。有时电影的内容很惊恐，回家的路上就格外紧张，只顾狠命往前奔，好像身后有什么怪异的东西在追赶，连头都不敢回一下。急急忙忙奔回家，"咣"的一声撞开门，径直钻进了屋里，心脏却还在狂跳不已……

没有玩具，没有游戏的去处，却也并不感觉生活的单调。

而今，结交如此广泛，却常常有无处安放的情感；交流如此便捷，却免不了百转千回的思念；交通如此快速，心与心的距离却更遥远；只要我需要，几乎一切都能买到，但欲念却在无休止地疯长；现代化程度越来越高，身心却无法不疲惫……

生活有越来越多的悖论。

最重要的两个字

    林清玄说过:"人生如水上写字 第二笔未曾落下 第一笔已流向远方。"有太多的无谓,所谓无谓,绝对不是一句淡淡的无所谓,那应该是一种触动。嗯对的,就是触动,用力地撞在你心灵最柔软的那个地方!像在一泓湖水中荡起双桨,然而这湖又是什么呢?想到这里倒是拍案惊奇,梦溪,对,就是梦溪!心里最澄澈的那份清静,也就是冰心老人所说的:"我愿作一棵守护心灵月亮的树,等着南归的雁。"

    其实我一直觉得真正的智慧不是在生活中永远能拥有一往无前的顺境,而是无论顺逆,都能始终保有好的情味。这情味不只为自己而存在,也为了所有在乎你的人,和你所在乎的人。如果你不阳光,谁来为你微笑。不妨让生活中所有的辛苦都融在随水流逝的第一笔,漂向远方,深埋心底,去在某个深夜慢慢地将忧伤抚摸。淡淡苦涩,却是别样滋味。而我们的主旋律却应是,更好地活在当下,活在你所在乎的每一笔铁画银钩里。能品懂百味杂陈,才不虚度这一生百年光阴。

不去想那么多的从此以后 因为生活中很多事 有时错过一个分分秒秒,很可能就会错过一生。正如禅学所解:"天地玄机往往尽在蚁动叶摇之间。"好比"白鹭立雪,愚者观鹭,聪者看雪,智者见白。"生活这幅水墨 永远不在于笔法多么的淋漓尽致,而是在于到底在留白的画外藏了多少个中滋味。不必苍郁满卷,往往一点就能画龙点睛。不是每片枫叶都是心中的层林尽染,却能梧桐一叶,天下知秋。

曾经偶然留意到苍凉岁月这个词,总觉得熟得很,呼之欲出却那么恍如隔世。想了好久,是这样的一句话"人生苍凉历尽后,中夜观心,看见,并且感觉,少年时沸腾的热血,仍在心口。"清而不玄,不错的,正是那位林清玄先生的笔墨。我不管年少时的热血是否还在沸腾,但应在沸腾前是应多一分思量的。三思方举步,百折不回头。华中妨不是银鞍白马,疯沓流星的别样一方意气风华。

老子说:"上士闻道,勤而行之;中士闻道,若存若亡;下士闻道,大笑之,不笑不足以为道。"当然,若是触手可及,俯拾皆是,也便不珍贵了。所么么,且不论我们是哪一品闻道之士,总之,我相信:艰难困苦,玉汝玉成。相比大智若愚,大巧若拙。我更偏爱难得糊涂。既然都是疾癫,何不快乐些呢?为自己,也为那些在乎的一切。

既然想到了在乎，那便是舍不得，舍得，舍得，有舍才有得。我舍了什么？又得了什么呢？禅学讲空，道学讲无，儒学讲正其心，诚其意，看似格格不入，其实有着千丝万缕的联系。其实何必想去那么多无谓的负累，一花一叶一世界，一嗔一笑一如来。蚁动叶摇，我就是自己世界中的天地玄机！既然有过兴尽悲来，便自然知道盈虚有数。为何万事无忧，因为我知道是我在默默守护着自己本心的菩提叶落。

"面壁十面图破壁，难酬蹈海亦英雄。"无论是周总理的"大江歌罢掉头东。"还是禅祖面壁九年的慧悟，都是我等所无法比肩的。因为前人的话总是太沉重，似是从笔墨里透出的一缕沧桑。不妨说点贴近的，小说里的张小凡反出青云闻，陆雪琪劝他说："苦海无涯回是岸。"张小凡却只是淡淡地说："难道你的岸便是岸，我的岸便是海么。"书中的太多情节早就被时光冲淡了记忆，但张小凡的这个回答却总是萦绕在耳畔，不曾忘却。

是啊，每个人都是这般的独一无二，每个人都有自己要走的路，都有追求自己内心幸福的权力。即是路不同便不要去强求。与其去求道不同如何为谋的问题，倒不如放下心来去珍重每段心路的交集。不必强求我们走到哪里，只在乎我走过的每一步都是否曾印下心底最深的温情。仓央嘉措说：我问佛：如果遇到了可以爱的人，却又怕不知如何把握该怎么办？佛说：留人间多少爱，迎浮世千重变，和有情人，做快乐事，别问是劫是缘。也许这背后有更深的隐喻，是我们这等常人无法领会的禅机，但绝对值得我们神往的是一份决然，对生活，对人生的那果敢然与睿智——满树菩提，我只取梧桐一叶。

不妨讲上这样一则故事：说的是老和尚一天呢给小和尚讲了一个故事，说：一人历尽万水千山，百般波折，终抵西天佛境，想要追随陀学习大成佛法。我佛问他一路所见，其人茫然不知。佛说，你无慧根，可回。其人万念俱灰，所幸一路见山游山，见水游水，一路逍遥。归乡之时，见我佛立于家门，问其人说：一路所见，知否？其人曰：知矣！佛曰：可矣！于是拜我佛为师，学习佛法。故事讲到这里似乎颇为圆圆，老和尚的故事也讲完了。这时，小和尚却突然一字一句，郑重地说道："我若是那人，便不会拜佛祖为师。老和尚哑然，问其故，答曰：能遍查人间苦乐，他已是一座佛陀。其实，人生许多事，正如船后的波纹，总要过后才觉得美好。最美的旅途往往可贵的不是终点得到达，而是沿途的一路芬芳。因为最重要的是过程，而不是结果。

柏拉图说：我以为小鸟飞不过沧海，是因为小鸟没有飞过沧海的勇气，十年以后我才发现，不是小鸟飞不过去，而是沧海的那一头，早已没有了等待。我相信，生活中，每个人都曾经有这样望穿秋水的期望。一呼一吸之间便是十年的光阴。叹一句，一生能几个十年。但如果我们不曾有过朝向彼岸的飞行，怕是永远不会知道，在海的那岸，到底有没有守候我们的等待。所以，生活需要我们去勇敢地尝试。

套用一句偈语，诉说人生中最重要的两个字——珍惜。时间虽然没有等我，我却没有忘记带走你，我左手依然是过目不忘的萤火，右手却不再是十年一场的面壁，而是四年，四十年，以至于一生的无悔无怨。

/篱笆之爱/

　　前几日回老家，看到村南有一段篱笆，护卫着身后的家园。于是，关于篱笆的记忆便倏地返青了……

　　小时候，走在村里，随处可见簇新晶亮、泛着金光的篱笆……农家为了阻挡春日的大风、夏日的飞沙、秋日的寒霜和冬日的冰雪，以及村中闲游的畜禽，便用秫秸沿着院子四周夹成一圈"障子"。在我们乡下，篱笆通常被称作"障子"。

　　夹"障子"大都就地取材。高粱收割后，选出粗壮、笔挺的秫秸，晒干，撸去叶子，再用柔软的柳条缀上"腰"，秫秸们就连成一片坚不可摧的篱笆了。沿院落四周刨一溜半尺深的沟，将秫秸下坑埋好、踩实，篱笆就算是做成了。篱笆虽比不上土墙、砖墙结实，但也有它的好处：透光、通风。有了阳光，小院便有了生机；有了清风，小院便添了人气。早晨，刚出窝的芦花鸡任凭主人呵斥追撵，就是不肯离院，一个个悠闲地在篱笆边踱着方步；中午，火辣辣的太阳早把大门外疯长的青麻绿草晒卷了叶，而篱笆上的倭瓜花、芸豆花和葫芦花，却在阴影里开得正盛，吸引着一批又一批蜂蝶纷至沓来——它们把灼热的日子剪成一行行五彩斑斓的诗！大人孩子将饭桌摆在倭瓜架下，沐浴着障间吹进的一丝丝凉风，嘴里再嚼些黄瓜蘸鸡蛋酱，耳畔再听着脍炙人口的评书，那真叫一个"爽"，真叫一个"静"，有声胜无声，心静胜境静！农家人醉心的就是这种安谧祥和的田园情境！晚上，四面蛙声鼎沸，习习微风中飘来了障边花草的幽香，如一曲莫扎特的小夜曲，又像对对情人在柳丝下喁喁絮语，轻轻地，柔柔地，甜甜地，醉了篱笆边静坐吸烟的汉子……

　　篱笆不挑地不挑人，在哪儿安家，就在哪儿站成长城。篱笆邀来阳光和清风，也邀来了各种青葱的植物。因为有了可攀援之处，牵牛花、露水豆都早早地赶了来，在夏日里将稚嫩的枝蔓偷偷地攀上篱笆；家庭主妇们喜欢在篱笆边种些季季草、细粉莲、芍药、美人蕉等花卉。花开时节，篱笆内外花香如浪，潮起潮涌，姹紫嫣红，缤纷绚丽，令人流连忘返。各种鲜艳欲滴的喇叭花，朝着四面八方吹着欢快的民乐，像娶亲的队伍一样浩浩荡荡，沿着乡间的小路绵延不绝地蜂拥而来……一户人家、一方篱笆、一畦菜地、一缕炊烟、一片红白蓝相间的芸豆花，构成了丹青妙手灵性的水彩。把庄户人的日子渲染成一首清香四溢的田园诗。目睹那一片万紫千红，油然让人觉得大自然中充满了蓬勃而旺盛的生命力，那洋溢着缤纷色彩的生命简直天下无敌、不可阻挡！人们徜徉于这风景秀丽的田园里，沉醉的乡心，浓酽的乡思，融化在这枝疏叶柔、清丽俊秀、素洁典雅的婵娟风姿里。

"繁华事散逐香尘，流水无尘草木春。"乡村篱笆朴素而高雅，她似一位闲适的遁世者，旷达拙朴，晨迎朝霞，暮送斜阳，应验了郑板桥"一片绿荫如洗，护竹何劳荆棘，仍将竹做笆篱，求人不如求己"的浑然忘我情怀和傲骨。乡村篱笆没有高山大川之雄奇，却有馥郁淳厚、沁人心脾的温暖和亲切，她以诗意的笔调和散文的形式，凸现了农人的本真淳厚、平淡超然，极富人生智慧和审美情趣的生命存在，我有这样的感觉：每次欣赏篱笆上植物的绿芽萌动，都是对心灵的一次慰藉和心情的一次灌注，更是一次精神上的立体按摩；每次走近篱笆，都会有一种纯净的欢欣和原始的激动在胸襟里脉动、奔涌、狂舞……难忘乡村的篱笆！

何时才能读懂它

一

渐渐远离了安静之美。

再也不能像昆虫般，蛰伏在故乡的野地，听一阵风踩着狭长草叶，迤逦走过。

更不能的是，无法在一个满月之夜，回到老家的院落，端一瓷盆清亮的老井水，安然放于生长苔藓的石磨上，搬出童年的敦实桃木凳，静静地坐下来，托着腮，瞪大眼睛，全神凝注，虔诚以待，看那金黄明月如何跃入水盆中，看那溅起的皎然波光，如何叫我的身子微微一个趔趄，然后归于静谧，我则慢慢坐成美妙夜色中的一朵天真花，一尊将月亮迎入内心的石雕刻像。

难道再也不能缓缓打开自己的花瓣，让芬芳远远近近地流浪了？

难道再也不能看时光如月，以一颗莹莹之心，心底无事地端坐在天地的深处了？

离开了瓷盆井水，我两手空空地走进屋子。"月亮没有了，换成了灯。"一盏盏的灯，"火树银花不夜天"，喧嚣簇拥的光芒赶走了月亮，仓皇、得失之间，我试了又试，获得灯盏的时候，也得到了枯萎着的厌倦——我不能不想起比灯更古老、更安静的月亮，这时候，我的眼睛里常常出现泪水。

有人言：回到家里，尚且安静不下来，此等人生可谓不幸且困难重重。

于是，我要求自己关掉灯，邀请寂静下来。

当月亮正好路过窗前，骤然风吹云散，暗夜生光。我仿佛看见万物万象，明媚之花含苞待放，美的芬芳无处不在，瞬间的自在圆满让我振翅飞翔……

"海上生明月，天涯共此时。"

……漂泊流浪的孩子，俨然茫茫走在回乡的路上。

二

文友说自己是个活得清浅的人。

有一次，她带我在老家的集市上闲走。

阳光穿过蒸腾的人气散落下来，人们的头发都发着光，轮廓都发着光，神定气闲，悠悠然然，不知今夕何年，连争吵都散漫无着，透着青铜的气息。我们看那农人采了自家的茄子、辣椒、长豆角来卖，家里的小猪、小羊、小猫，生得多了，也牵着抱着来卖，却不叫不唱，跟左右两边的人有一搭没一搭地闲聊。我们看过不是用细竹子做的那扫帚，看过桑木扁担，看过铁锅银器，看过开着牡丹、落着凤凰的棉布被面，什么也没有买，什么都想看，什么都想赏玩把玩一番——其实碰触到手的东西，也只一两样。直到日落西山，尘埃落定，美丽的霞光将我们融化在时光深处，看自己，看他人，都是"只在此山中，云深不知处"。

文友说这样的悠然闲走，不知已有多少次。她走过很多路，遇过很多人，知道过很多事，然后就在老家"邮票大小"的地方留下来，与时光为伴，跟至爱的人共享一屋琐碎，活成了一条清浅世俗的小鱼，按照自己的节奏摆尾游弋。

如果说这便是清浅，也只可活活羡煞人。

"心底无事，只那样一路看去"，正是此种清浅境界，让我的朋友不知不觉游入岁月深处，静好安稳地停下来，看那远处的熙来攘往、织锦繁华，看这身边的玉净花明、素颜初心，只看得心中有猛虎，也晓得细嗅蔷薇了。而待到——连看也不想看了，便简简单单地坐、卧、醉、梦，有风邀风，有月邀月，纵无风月，也有一颗跟自己跳舞的心，何苦每一次舞蹈，都要寻觅另一个舞伴呢？

三

那时，我看他，尚是聋哑少年。

今天，我看他，除此还是一个写诗的人，一个拥有了爱情的人。在他的生命里，蓬蓬勃勃，星星相映，开出痛苦和幸福的花。

多少年过去了，哑默的他，终于在生命的深处找到了自己，生命的许多美，也终于在重新获得自己的同时，慢慢得到呈现。

一个园丁说，在春季，大量的叶绿素使树木的颜色难以区分。到了深秋，树木的颜色才真正呈现出来：桦树的金黄，槭树的橘黄，橡树的青铜色。

你看啊，渐渐的，囊囊的，他也终于走到了"深秋"，那个不幸的孩子已经长大成人，而且"袖子里有魔术，耳朵里有钟，眼睛里有大美，胃里有一个江湖"。

默诵他新写的几首诗，白瓷盘的意象多次出现。

猛然明白，他便是默默无言的白瓷盘，亦朴素亦精致。

朴素到洁白无瑕，收敛了一切声响，安静、清浅地衬托出放在盘上的一切颜色，连摆放它们的地方都焕发光辉，等到盘上的颜色一一走过去，它再一次恢复了自己的纯白。白瓷盘原本是美的，但摆放在盘上的东西，包括痛苦、疏离、诱惑、迷误，则使它更美。哪怕最平凡的东西，它也将其从容安放，慢慢在时光中陈列成宝贵的珍品。

历经生命，他走得愈深愈朴素，愈深愈精致，然而他，"虽精致而不离开生命，不要住在有玻璃框的房子里"。

　　诗歌终于让他听见，让他说话。沐浴着神圣的光芒，徐徐把自己打开，然后静静凝视心中的苍茫天地。

　　静静地陪伴他久了，曾经的锋利、刺痛消逝了，让人仿佛伫立草原，看风起碧浪，起伏无垠，一种前所未有的宁静、忧郁和美，温柔地环抱住孤独微小的生命，融合于浩瀚深厚，陶醉于一个取消了方向、没有边际的静美世界里。终于在心灵的深处呈现了一种力量，"看着世界何时成熟到能够读懂它"。

笑看云卷云舒

　　人似秋鸿来信，事如春梦了无痕。世事无常，人事沧桑，浮沉起伏，几度秋凉。秋鸿有信，季候到了应约而来，就像人生的许多事情，应处理的事要处理，乐观面对，积极努力。季节的尽头，多少往事都已静静地远去，人间的许多恩怨情仇风来则应，风去不留，过去了就放下，无须纠缠，一如春梦，不留痕迹。

　　曾经所有的故事，即便清晰如临，历历在目，终究还是隔岸看花，时光会把哪怕只是前一分钟也隔断成永远无法企及的距离。岁月不仅会苍老我们的容颜，也会苍白所有的往事，所有的诺言都会随风化作一声声幽幽的叹息，唯有岁月的风霜铭刻在一路走来的脚印里。

　　苦与乐，是一对冤家，却又常常形影相随。有时互相交替，有时互相融合。最大的欢乐，通常包含在巨大的艰辛之中，犹如明珠潜藏于深海，宝藏掩埋于山岳。有时候很多我们不愿意发生的事情，越想逃避，就越会撞个正着，因为世事无常，一切皆有可能，所以不如锻炼自己面对一切的从容与坦然。人生很多事情无法确定它究竟是对是错、是好是坏，常常是感觉非常失意时突然看到一片更灿烂的阳光。不要把顺与逆、得与失、聚与散看得太重，看重了岂不大喜大悲？

人生如戏，纷纷扰扰，真真假假，如梦一场。每个人都有一部戏，我们彼此互相穿插演绎着彼此的生活与世界。因为有了你和我在彼此人生中的出现，互相的生活才变得更加精彩丰富。你演了我人生的痛苦与快乐，我丰富了你的人生。感动与同情，激动与鼓舞，伤心与难过，愤怒与仇恨，我们经历着这一切一切，但是心里清楚地知道这只是一场戏而已，哭过笑过也就过了。

人生的路，很难会有谁一直陪伴着我们走过，更多的是仅仅陪我们走过一小段距离的人，也许是与我们相扶相持地走过了一段崎岖不平的道路，也许是在一段风景不错的路途上同我们一起笑了一会儿。我们同样心存感激。我们就这样走着，看似漫长的人生岁月其实一晃就过去，当我们回过头来看时，阳光暖暖地照着，微风轻轻地吹着，花儿静静地开着，身边来来往往的人，有多少是擦肩而过的，有多少是刻骨铭心的，有多少是淡然如水的，其实都已无所谓了，他们都只是我们人生中的一个片段而已，但是也正是他们让我们的一生如此的饱满充实、多姿多彩。

望长天白云卷收，看红尘沧海桑田，一时一事本无定数，可作为生命个体的人，以怎样的态度面对这一切，完全由自己掌握。登名利事业之巅，或沉情海之谷底，片刻的狂喜和刹那的消沉带给你的可能是跌宕之后的懊悔。起起伏伏间，让我们扪心自问：可以从容一些吗？

人生总要去面对许多的无奈，心灵总要经历世事的煎熬。也许尽管怎样的刻意，怎样的尽力也会在不得已中和幸福擦肩而过，与美丽隔岸凭望……十字路口的徘徊与迷茫，心路的历程总是跌宕起伏，却在痛苦地挣扎出迷雾后恍然发现，自己的身上已多了一副坚强的盔甲。风雨再次来临时，不再是恐惧，不再是怯弱，也许，我们已经学会了从容一笑，步履坦然而坚定。

朝朝日东升，夜夜月西沉，感谢生活吧，因为每一天的日子里，我们都在领悟智慧，拓展心灵空间。从现在开始，在豁达的心态中坦然笑对人生，一心一意走好自己的路，生活就一定有意义，用一张笑脸来面对人生，也就给这大千世界无限的精彩。落花流水，追逐时光远去；天涯明月，挥洒一地的清凉。云聚云散、花开花谢都是人生的风景，人生无处不风景，何不从容淡定，笑看红尘云舞花飞！

/叶　语/

　　像是夹在书页中的一枚叹息，轻轻地翻转，便翻转了一个季节的变迁。多少往事，多少流年，仍在你的脉管里汩汩流淌，流淌着曾经的哀愁，曾经的消瘦——瘦了眼眸，瘦了心情，瘦了季节，瘦了流年，却仍伴随着揉不碎、拧不干的记忆，汩汩流淌。

　　东风漫过树枝，如同纤纤的手指弹过琴弦，有一种音乐如同水的波纹一般在枝头蔓延开来。春，睁开惺忪的睡眼，眼波流转间，那娇媚的眼神，便在不经意间传递着一点点温润，最初，是一抹不易察觉的绿意，在山环水绕间一星星冒出，如同孩子嘟起的小嘴，惹人怜爱，惹起心底的温馨和希望，在不知不觉间赶走一冬的枯寂。

　　从鹅黄，从最初的那一抹惊喜，渐转渐深，渐深渐浓，已是绿树成荫，已是满眼苍翠。从严寒中一路走来，生命，有着冲破一切的勇气和威力，扯着春的裙衫悄悄地、怯怯地、轻轻地探出半个小脑袋，那份憨柔，那份稚嫩，那份简单，已经抛落了过去，已经挥落了忧伤，已经彻底地改变，已经又一次，从头开始。不再知道季节会变幻，水会瘦，山会寒，不再知道云天会变幻，云会淡，天会高。

从最初的蹒跚，最初的摇摇摆摆，到后来，踏稳了步伐，无数次跌倒，无数次，又稳稳地，站了起来。春的温暖是一种背景，如同水，如同空气，一开始，它的存在能让人感受到由衷的喜悦，但很快会习惯，很快会忽视它的存在。而它，从不会因为人们的忽视就满眼凄迷，就转身离去——它在，它在看着所有人的喜怒哀乐，在微笑。就是这样的背景，在一路的艰难中，因为，有呵护，有牵引，有温暖，有成长的喜悦，才让成长和成熟成为一种期盼和期待。

是谁灵巧的手，让柳条如青丝般披拂，是谁在河岸边独自行走，任一树的倾慕悄悄散落成荫凉？是谁在低低吟唱，吟咏出一树的婆娑，将最初的那一点温润渲染成满树碧绿的相思，将随风摇曳的情怀演绎成天涯相伴的执著？是谁，随手摘下那一枚绿叶，将碧绿的相思折叠成悠扬的乐音？

乐音悠悠长长，思绪飞飞扬扬。那份相思渴盼，在遍地的浓荫中默默地诉说了很久很久，却没人了解，没人听懂，没人理会，在一次次的风浓了雨浓了尘起了沙起了之时，迷茫了眼睛，迷离了心情，迷失了前路，迷乱了方向！

背景在悄悄转换，原来的温柔伴随着温暖的日子也像一种背景音乐般，在某一个音阶之后便忽然改换成一种高亢而又急促的音调。原来的轻音乐，不知在何时经谁狂躁的手指狠狠地一摁，忽然转换成了摇滚乐。那爽快泼辣的风格迅速迷倒几乎所有人，但同时又因为它的狂野恣肆、无休无止而沉闷和沉默了所有人的心情。

沉默，不是沉沦，是一种孕育和蕴蓄。

从鹅黄，从最初的那一抹惊喜，渐转渐深，渐深渐浓。

从蹒跚，从最初的那一路摇摆，渐行渐远，渐远渐淡。

那一季的相思哀愁，那无数的苦闷忧愁，在最初，如同在暗夜中摸索，却找不见方向；如同在泥泞中跋涉，却走不出沼泽；如同在荒漠中耕耘，却看不见成果；如同在沉沦中挣扎，却看不见船只。抛却曾经，抛落思绪，让曾经的茧丝丝缕缕散落在风中，让曾经的呼喊断断续续遗留在身后，往前看！

白云悠悠荡荡，思绪迷迷茫茫。深空的星星在悄悄亮起，水底的波纹在悠悠荡起，远方的白帆在遥遥驶来，梦中的蝴蝶在翩翩飞来。一只飞鸟，与白云恒相陪伴，在蓝天中映出飒爽的英姿；一叶扁舟，在大海中越过惊涛骇浪，打破时空的界限，于万顷波涛间划出最优美的弧线！

绚烂和喧闹之后，是清净和清凉。天空渐渐地高远了起来，拉开距离之后，便觉空落，于是那一树树的果实便在经过了似乎遥不可及的等待之后，挂在枝头，如同一场盛宴，在百花落去之后，客人散尽之后，所有表面的浮华被摈弃之后，才宣布正式开始。

轻轻地一转身，将黄昏翻转成清晨。

满地的浓荫，本只是满腔的思绪，并非为谁而洒，沉埋在内心的黑暗中找不见航向，从不曾想过却无意间触碰到感恩的目光，如一道光芒，穿透内心的黑暗，让沉迷在低谷的心情霎时跃上高空。漫漫长路上艰辛的跋涉，孤独地坚持，坚持着，一路上，一抬头，会发现自己并不孤单！生命中的艰难是一笔最丰厚的馈赠，在光明到来之前，黑暗只是一道薄薄的幕布，唯有敢于揭开它的人，才有资格获取王者的桂冠！

唯有放下，才能够轻松；唯有忘却，才能够保存。

天，渐高渐远。轻松，不是轻飘，不是轻浮，是在背负了重重的压力之后，终于放下重担的轻松；是在冲破了层层的阻碍之后，终于看见了希望的轻松。不管季节多少次变幻，生命的底色始终不变；生命的亮色应该由阳光来渲染。金黄，是尊贵的象征，是王者桂冠上的光芒，是生命在经历了无数的艰难和漫长的跋涉之后，闪耀在心头的希望之光！路有多远，梦就有多远；天有多高，心，就有多高！

穿越黑暗，让暗夜里的呜咽化作黎明的露珠，让看不见的眼眸与光明恒相陪伴，让滞留在此岸看不见希望的人们看见远方驶来的帆船，不再望穿秋水，不再长夜无眠，不再孤苦无依，不再漂泊流转，在久久的期盼之后，有一个结果；在苦苦地奋斗之后，能获得辉煌。让每一个季节都如春天一般温暖！

像树一样生活

路边一棵冬青，圆形的树冠上蹿出一层嫩绿的小叶片，那叶片，小如纽扣，薄如蝉翼，密如繁星。它是那样嫩，嫩的让你不忍心用手触摸。它是那样绿，绿的直逼你的眼。在阳光的映照下，仿佛一片绿色的火焰在燃烧。

冬青树上青黑色的老树叶的边缘已开始干枯。每一片正在干枯的老树叶旁边都生长着一片嫩绿的新叶，每一片新叶也恰好能够掩盖住老树叶的干枯部分。并且老树叶的枯萎速度和新叶的生长速度正好一致。随着新叶的慢慢长大，原有的老树叶慢慢枯萎凋落。这样冬青树一年四季就不会出现叶子的中断，始终郁郁青青。不仔细观察，根本看不出这种细微的变化。

原来冬青树上的叶子在春天里悄悄地进行着新旧更替。

新老交替的过程细致、周密、天衣无缝，丝毫不会产生断层。

没有拥挤，没有争吵，没有埋怨，没有嫉妒，没有唇枪舌剑，没有勾心斗角，没有诋毁诽谤，这种交接是多么和谐，多么默契，多么生动，多么感人啊！

哦！我恍然大悟，怪不得冬青、松树、柏树等树木能够保持四季常青呢？原来所谓的常绿乔木，并不是不落叶。只是它们落叶的季节和方式与其他树木不同而已。

我想起了杨柳榆槐等北方的几种树木，它们是在冬天到来之前，才将孕育了大半年的树叶全部甩落的。就像是一个步履匆匆的旅人，懂得有舍有得的道理，关键时刻不得不卸下全身辎重，轻装上阵，迎接人生最险恶环境的挑战。

如果说冬青等树木的落叶方式是新与旧、生与死的一次次长跑接力，在承前启后，继往开来的同时，维持着树木一年四季郁郁葱葱的靓丽形象；那么，杨柳等树木的落叶则为的是在危险关头减轻身上沉重的负荷，让自己从容应对磨难。树木的每一种落叶方式都蕴含着丰富的哲理。让人深思，发人深省。

人倘若像树一样生活该有多好！

我见过站在高山之巅的松树。不知道多年以前一棵松树的种子是怎样被鸟儿裹挟着来到这高山之巅的。由生根发芽直至巨伞擎天这中间又经历了多少的磨难。阳光暴晒、雨水冲刷、狂风怒吼、雷电威胁、冰雪严寒……没有同伴可依靠，没有异域可躲避，唯一能做的就是把根深深扎入岩层，深些，更深一些。一次又一次肉搏，使得它身心疲惫、遍体鳞伤，但它只要一息尚存，就绝不会放弃触摸蓝天的梦想。当它战胜一系列灾难最终以胜利者的姿态傲视苍穹时，那种气势丝毫不亚于刚刚从战场上凯旋的勇士。高山之巅的松树，带给人们自立自强精神的思考。

我见过春天白絮飘飞的杨柳。它深知把孩子永远搂在怀里，荫庇孩子，就会造就安乐窝里一棵棵永远长不大的幼苗，面黄肌瘦、体弱多病。因为孩子们在远离狂风暴雨的同时也远离了阳光的温柔、雨露的滋润，鱼和熊掌不能兼得的道理它似乎比人更懂。只有让孩子远离母体，彻底消除对父母的依赖，随风飘零，四海为家，在艰难的环境中才能激发起孩子前进的动力。这才是母亲对儿女的真正的大爱。于是它把精心孕育的小宝宝托付给春风，借助春风的力量，将无数的儿女散布在海角天涯。这种置子女于艰难从而培养其意志的教子方式，试问普天之下的父母们，能否从杨柳这里受到一点点启发？

我见过森林里参差不齐的各种树木。不分高矮胖瘦、不论年龄大小、不按种类多寡，组成一个植物村落。在树的世界里没有等级观念、没有种族歧视、没有恃强凌弱、没有明争暗斗。这里只有平等、只有合作、只有团结、只有进步。地上，穿着统一的绿色着装；地下，成千上万条血脉相连，牢不可破，密不可分。它们言行一致，步调统一。狂风来了，身材高大的树木手拉手筑成一道道城墙，阻挡着狂风前进的脚步。竭尽全力保护着弱小；暴雨来了，一把把大小不一的绿伞各尽所能的阻挡着雨水的冲刷。森林里的树，体现着团结、平等、互助。

我见过街道两旁的行道树，像两队仪仗士兵，目光炯炯地注视着来来往往的行人和车辆。黎明迎接第一缕阳光，夜晚陪伴星星和月亮。用真诚守候寒来暑往，用责任肩挑雨雪风霜。一辆辆汽车飞驰而过，赏给它一阵阵灰尘；一个个行人从它身旁走过，投给它漠然的目光；个别商贩在它身上挂满了形态各异的标语、广告牌。而它，默默地承受着人们施加的一切，依然夜以继日吸收灰尘，为整个城市不断制造出清新的氧气。对它来说，只要生命还没有结束，就要在自己的岗位上尽职尽责、默默奉献、无怨无悔。行道树，忠于职守的典型。

　　从树的身上，我学到了很多生存的智慧、生活的哲理。它们自立自强、教子有方、团结互助、尽职尽责，它们之间也存在竞争但非恶性，它们有惆怅但不牢骚满腹，他们有快乐但不得意忘形，它们有挫折但能坦然面对。我想，如果人都能和树一样生活，那么人世间就不会发生那么多血腥、暴力、仇恨、冷酷、愚昧、自私的行为，人与人之间就会多一些温情，少一些冷漠；多一些慷慨；少一些狭隘；多一些宽容，少一些苛刻；多一些奉献，少一些索取。

　　追求树一样的人生，像树一样生活！

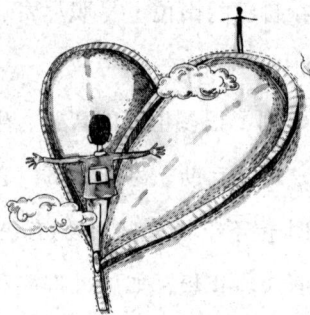

6

CHAPTER 06
成功没有捷径

成功是没有捷径可走的，
必须自己一步一个脚印脚踏实地去做，
任何的偷懒取巧都是不可取的。

没有你想得那么糟

美国加州有个青年刚大学毕业，就接到服兵役的通知。他非常厌恶军队的生活，于是便祈祷，千万不要让自己到管理最严格、生活最艰苦、环境最危险的海军陆战队服役。

他的祈祷并没有起到作用，征调他的正是美国海军陆战队。接到入伍通知后，这个年轻人整天忧心忡忡，仿佛即将走上一条人生的不归路。他担心被派往战场，不是去杀人，就是被人杀。

年轻人的爷爷是加州大学的教授，他问他的孙子："当兵是每个公民的义务，谁都不能逃避。有很多像你一样的大学生同时被征调，他们都很乐观，你为什么这么恐惧呢？"

"爷爷，你不知道，我要去海军陆战队。您一定知道进入海军陆战队意味着什么，那是时刻走在生死边缘的军队！"

教授微笑着说："即使进入海军陆战队，你也有两个结果，一个是留在内勤部门，一个是分配到外勤部门。如果你分配到了内勤部门，就完全可以避免上战场嘛！"

青年反问："那我还是有 50% 的可能被分配到外勤部门啊！"

教授说："那同样会有两个结果，一个是在美国本土服役，另一个是到国外的军事基地。如果你被留在美国本土，那又有什么好担心的？"

青年反问："万一被分配到国外的基地呢？"

爷爷说："同样还有两个结果，一个是被分配到和平友善的国家，另一个是被分配到维和地区。如果你被分配到和平友善的国家，是不是比在熟悉的美国更好？"

青年反问："假如我不幸被分配到充满战乱的地区呢？"

教授说："那同样有两个结果，一个是立功后安全归来，另一个是不幸负伤。如果你能够安全归来，人生多了战场的经历，是不是值得庆幸？"

青年反问："我不会那么幸运吧？万一负伤了呢？"

教授呵呵一笑说："你依然会有两个结果，一个是伤后康复，另一个是光荣牺牲。如果伤后能康复，还有担心的必要吗？大不了身上多一个疤而已，也是件很光荣的事。"

年轻人再问："那我不幸牺牲了呢？"

教授听完呵呵大笑："你都牺牲了，一切都跟你没关系了，更用不着担心了！"

年轻人突然间就释然了，心中的阴霾瞬间消弭。是啊，最坏的结果就是牺牲，而这其实跟自己已经毫无关系了，何况这种可能是那么微乎其微，就像撞大运。

　　生活中总会遭遇逆境，但无论置身何地，其实都不像你想象得那么糟；做什么事情，都会有两种结果，你永远有权利争取自己想要的结果。

/迈出下一步/

　　大学毕业后，急于走向社会，想谋到一份满意的工作，那时整天关注报纸、电台上的各类招聘信息，游走于人才市场和各大公司间，先后参加了几次招聘会，仅简历就复印了厚厚一叠，虽然几经努力，但由于理想和现实之间差距很大，均以失败告终。

　　择业失败，让我一时心灰意冷，虽然我是以优异的成绩毕业的，但不得不接受现实，我开始怀疑自己的能力，甚至有些自卑。走向社会第一步受挫，父亲却一直在鼓励我，给了我精神上很大的支持，并且告诉我事情并不是那样的糟糕，还有下一步，只要你努力，机会就在眼前。

　　经过一个月的心理调整，我决定报考公务员，虽然我知道，公务员考试竞争会更加激烈，但我还是下了决心要试一试，失败了一步，必须迈出下一步。我精心准备了两个月，笔试竟然顺利地通过了，我信心倍增，但令人遗憾的是，在最后的面试关，我被刷了下来，生活就是这样残酷，这一步又让我尝到了失败的滋味。

父亲见我垂头丧气的样子，没有言语，拉我到村外去散心。路过一片沼泽地时，父亲的一只脚突然深陷了进去，当我伸手去拉父亲时，父亲果断地迈出了另外一只脚，坚强而用力地走了出来，父亲看着我笑了笑：刚才我走错了一步，陷了进去，这一步错误了，但你必须要走下一步，如果我们停止不前，原地等待，我们只会继续深陷下去，最后不能自拔。遇到了挫折，这一步失败了，我们还有下一步，下一步就是希望。

父亲说得对，还有下一步。第二天，我决定了我的下一步，准备复习，迎接考研。走入社会一再受挫后，我更渴望学习，通过知识来充实自己，提高自己。经过自己的努力，在新学期开始时，我顺利地考上了研究生，再次跨进了求学的大门，我终于成功地走出了下一步。

生活中，很多时候，我们常常会遇到挫折，这并不可怕，可怕的是我们因为失败，而失去了方向，不敢再迈出下一步，其实下一步就是机会，离成功更近了一步，下一步就是成功的开始。

没有鳔的鱼

在硬骨鱼类的腹腔内，几乎都有鳔。鱼鳔产生的浮力，使鱼在静止状态时，能自由控制身体处在某一水层。此外，鱼鳔还能使鱼腹腔产生足够的空间，保护其内脏器官，避免水压过大，内脏器官受损。因此，可以说鱼鳔掌握着鱼的生死存亡。

可有一种鱼却是惊世骇俗的异类，它天生就没有鳔。神奇的是，它早在恐龙出现前三亿年前就已经存在地球上，至今已超过四亿年，它在近一亿年来几乎没有改变。它就是被誉为"海洋霸主"的鲨鱼。英雄的鲨鱼用自己的王者风范、强者之姿，创造了无鳔照样追波逐浪的神话。

然而究竟是什么让鲨鱼离开了鳔在水中仍然活得游刃有余呢？经过科学家们的研究，发现因为鲨鱼没有长鳔，一旦停下来，身子就会下沉。它只能依靠肌肉的运动，永不停息地在水中游弋，保持了强健的体魄，练就一身非凡的战斗力。

原来正是鲨鱼的天生缺陷，使它只能不息地奋力游动，反而造就了它的强大。鲨鱼无鳔，是它的悲，也是它的喜。

变幻莫测的人世也常常上演着一出出悲喜剧。

1982年的一天，澳大利亚墨尔本，一个新生命呱呱坠地。可他带给父母和所有人的不是喜悦，而是极度的震惊：他竟无手无脚，只有一个小小的左脚掌及其相连的两个脚趾头！童年，小朋友们的嘲笑、自卑和孤独成了他的家常便饭。10岁时的一天，他甚至试图在家里的浴缸自杀。

经过多少次艰难的抉择，他终于拾起了坚强与爱，并开始适应自己的生存环境。心之所愿，无事不成，他不但学会了刷牙、洗头、使用电脑，甚至能像常人一样玩滑板、游泳、踢球、钓鱼、骑马，甚至是开快艇……而能做到这些，并不是靠练习一两百次就可以成功的，而是需要常人难以想象的坚韧和不停息的努力。

19岁那年，学校举办的一场演讲令他深受感动，一个大胆的想法突然像阳光一样照亮了他的心：我也要学习演讲，给更多的人带去希望！他不断尝试每一步都那么艰辛，但又是那么坚定。

生活上、事业上他都逐步将自己磨砺成了强人。

如今，这个才28岁没有手和脚的年轻人拿到了两个大学学位，获得了澳大利亚"杰出澳洲青年奖"，同时是银行家、CEO、演说家。他已在20多个国家进行演讲，与数百万人分享了自己的故事、经历。他不但使自己成为了一位"三尺巨人"，更激励无数身陷困境中的人重新燃起了希望之火。

他的名字像他灿烂的笑容一样深深刻进了人们的心里：尼克·胡哲。

心中有希望，脚下就有路。与其为上天的不公仰天长叹，不如做一条奋力游动的鲨鱼，化短为长，打造属于自己的强者之路，完成自己的人生跨越。

/每天做一件畏惧的事/

　　心理学家研究发现：当人们觉得凭借自己的能力无法完成一件事或者将会搞砸一件事的时候，恐惧感就会由此产生。但是，假如你去尝试，你常常会意识到，很多时候这种恐惧感其实是毫无依据的。

　　为了保护我们自己，我们的大脑会不顾一切地阻止我们做一些有风险的事。想象一下，你正乘着飞机在万米高空中时，这时遇到危险情况必须跳伞，大脑会灌输一些负面的信息让你无法顺利跳伞，那是因为恐惧像种子一样扎根在我们的头脑中。而假如你此前有过很多年的跳伞经验，你的大脑就不会有所顾忌，因为你的潜意识告诉你：跳伞不会有危险。

　　当你将自己推向自己能力极限的时候，让你感到恐惧的事就会开始减少。久而久之，你会渐渐领悟出一个道理，其实所有的恐惧都是你的大脑出于保护自己的本能而产生的，而且你也会领悟到那些未知的恐惧没有你潜意识中认为的那样危险。比如一个刚刚入行的推销员要在街上向行人推销自己的产品，这可能会让很多新人手足无措，他们不知如何开口，不知道是否会遭到拒绝甚至白眼，不知道是否有人愿意买自己的产品，但这并不是无法办到的事。只要克服自己内心的恐惧，勇敢地张开嘴，迈开腿，花一点时间，下一点工夫，你会发现其实这根本算不了什么。

人们常说，你能想到多远就能走到多远。有这样一个故事，一个人经过一个建筑工地，那里有三位建筑工人，他分别问三个人在做什么，第一个工人回答："我正在砌一堵墙。"第二个工人说："我正在盖一座大楼。"第三个工人回答："我正在建造一座城市。"十年以后，第一个工人还在砌墙，第二个工人成了建筑工地的管理者，第三个工人则成了城市的领导者。事实上，当初三个工人的处境几乎一样，他们同样踏实肯干，对未来有着同样美好的设想，只不过第一个工人被内心的恐惧阻止了，他认为理想是离现实太遥远的东西，而第二个和第三个工人只是朝着理想多走了一步，多做了一些尽管最初让自己有所畏惧的事情，比如勇敢地寄出了自己的设计图纸，在适当的时候展示了自己的才能。

每天做这样一件令自己畏惧的事，你的体内会产生大量的肾上腺素。而且假如你完成了原先你认为做不到的事，你会感觉非常棒，因为你发现不会再有阻止你的障碍了。你会过上更好的生活，获得来自同行们的更多的尊敬，而且你能更好地控制你自己，能够经历许多别人想都不敢想的经历。

/别人的眼神/

　　我是从山区考入上海的这所著名大学的。虽然进了名校，但是，我依然快乐不起来。

　　我读初一的时候，父亲在打工的工地受了伤，老板只出钱给看了伤，没有给其他的补偿。经过治疗，父亲的腰伤虽然有了好转，但从此不能再干重活。父亲没有学历没有技术，只有在家协助母亲干些农活。因为家境贫困，我在县城读高中的费用基本上都是向亲朋以及乡亲们借的，等我考入大学后，父亲已经实在没有办法借到钱了。后来，还是母校的老师们给我捐款，算是交了第一学期的学费，后来的学费都是助学贷款。

　　我平时的生活费都是课余时间带家教以及在超市里做小时工赚来的。辅导员老师知道我的家境后，为了照顾我，让我去学校食堂帮厨挣些补贴。通过售饭菜的窗户，我为熟悉的同学打饭，心里真是五味俱全，总觉得他们看我的眼神充满了怜悯，这种想法让我抬不起头来。听到橱窗外的人报出要买的饭菜，我就打给他们，然后头也不抬地递出去。

在学校，我不放弃任何打工的机会，包括有偿参与学校心理学系的心理实验。

一次，学校心理学系在食堂门口贴出海报，招收志愿者做"伤痕实验"。报酬是300元。正好我带的家教学生星期六下午要参加文艺演出前的彩排，我有空余时间，于是毫不犹豫地报名并被顺利录用。

受试者一共6人，分别坐在心理学系的六个单间办公室里。表演系专门负责特效化妆的老师给我们化妆，我在小镜子里看到自己的脸：触目惊心地被硫酸"毁容"的效果。

化妆师让助手收走小镜子，然后她告诉我："我还需要用纸巾给你们上一种粉，防止你出汗的时候把化妆后的效果毁掉。"

定好妆后，心理系的老师安排我去市内的一个公交车站，那是本市一个重要的交通枢纽，排队等着上车的乘客非常多。老师让我故意在这些乘客面前晃悠，然后记住这些乘客看我的眼神。

在公交车站度过了规定的难熬的半个小时后，我回到了学校心理学系的那个小会议室，单独向老师汇报我的感受：那些人看我的时候，眼神里都是歧视，有的甚至包含着嘲讽，他们显得很粗俗很没有教养。老师点了点头。

后来，我们这些单独测试的志愿者们被集中到一个大会议室，我们几个人互相看看，都愣住了，因为我们发现每个人脸上并没有"被毁容"，脸上很干净。见我们发愣，老师笑了："刚才做实验的时候，有意把你们分开，就是防止穿帮，其实，你们通过小镜子看过自己的化妆效果后，化妆老师就用纸巾把这些'效果'擦掉了，但是，你们依然认为别人看你的眼神是鄙视甚至是嘲讽的，这说明错误的自我认识影响了你们对别人'眼神内容'的真实判断。"

这次实验让我内心非常震撼：很多时候，我对别人的眼神内容做出的判断其实取决于自己的心理状况。例如：心里自卑，就觉得别人的眼神里满是歧视；心里叛逆，觉得对方的眼神满是挑衅，而心态平和自信的人，觉得别人的眼神里都是友善……

如今，我事业稳定家庭幸福，父母安康，孩子聪明。这一切，还得感谢那个心理实验。那以后，我走出了多年自卑的阴影：原来，我们总是以自己内心看待自己的眼光来误判别人。如果我们的内心是阳光而自信的，那么，你就会感觉生活其实是那么的美好。

不可忽视的细节

有一家新开的金融营业所，从管理到设备都可以堪称一流。谁知，投入很多，效果不大，一晃半年过去了，营业所的业务一般。负责人很纳闷，他找不出自己不足在哪里。

一天，负责人拦住一位刚办完业务的老者，客气地请求。负责人把自己的管理说了一遍，问老者哪里有什么不妥的地方。老者在大厅里转了一圈，指着营业窗口下的椅子说："把它们放低三十厘米吧。"

负责人听从了老者的建议，将椅子都放低了三十厘米。果然，营业所的业务越来越多，到了年底，负责人被评为"十佳金融管理人"。

一次，负责人又见到了那位老者询问其中的奥妙。老者指着那些椅子说："原来，营业人员和窗外的顾客对话时，往往要抬眼皮，给人一种'翻白眼'的错觉，影响服务态度。放低了外面的椅子，从内向外就基本上达到了平视，这样，顾客会感到很亲切，不要小看这个细节，里面也有大学问呢。"

细节与小事永远是大事的根，注意细节，以人为本，这也是生财之道啊！

/成功没有捷径/

在世界登山运动史上。被称为登山"皇帝"的梅斯纳尔创造了前无古人的壮举。他登临了 14 座 8000 米以上的高峰。更值得一提的是,他是唯一真正的单人,不携带氧气设备,在季风后期攀登珠穆朗玛峰的人。

在外人看来,梅斯纳尔的每一次攀登,都是危机四伏的"死亡之旅"。在海拔 8000 米的高度上,人类的生理机能将会发生紊乱,如果继续向上攀登,大多数普通的登山者都会因为空气稀薄而死亡。但令人不可思议的是,梅斯纳尔却不借助任何设备,把那些神秘莫测、险象环生的世界高峰轻松地踩在了脚下。

在梅斯纳尔之前的那些登临高峰的人们,无一例外都携带着一套又一套繁重的登山绳索和氧气瓶之类的辅助物品。并逐步建立高山营地,借助众多身强力壮的当地向导。但是在梅斯纳尔的登山生涯中，他依靠的仅仅是自己。由此，人们又不无疑问，梅斯纳尔何以能够依靠的仅仅是自己？

梅斯纳尔和他登山的方式。令登山爱好者们着迷。是不是梅斯纳尔独赋异禀？瑞士医生奥斯瓦尔多？奥尔兹通过测试认为："与一般登山者相比较，梅斯纳尔的生理机能并没有任何超常之处。"

无数人从不同的角度探寻着梅斯纳尔成功的秘诀。最终还是梅斯纳尔自己揭开了谜底。梅斯纳尔的秘密就是：从低处开始。一般的登山运动者，目标选定之后，为了保存体力，都会选择乘直升机抵达山前的最后一个小镇，成与败的关键恰恰在此。直接乘直升机抵达大本营对于身体的调节是不利的，这种看似直达目的地的方式，忽略了身体机能与环境磨合的契机。与此相反，梅斯纳尔坚持徒步到大本营，从低处就开始调节身体，调节呼吸的节奏来应对空气密度的改变。选择低处作为出发点，正是梅斯纳尔独特的经验和智慧。

成功也就在此，是没有捷径可走的，必须自己一步一个脚印脚踏实地去做。任何的偷懒取巧都是不可取的。就如那些自认为乘坐直升机可以更快到达山顶的人一样是不会取得成功的。

给别人开一朵花

　　大学毕业后，我放弃了进外企的机会，回到了自己的家乡。在父亲的帮助下，我开了家海鲜店，利用自己这几年所积攒的人脉，很快打开了局面。

　　不久后，我决定扩大店面，当我告诉父亲时，他却犹豫了："你这里地理位置虽好，可就一家店，没形成规模，客源不可能太多。"当时，我被自己的雄心壮志冲昏了头脑，哪还听得进父亲的建议。

　　一个月后，我的店面扩张了一倍，但生意并没有预想的那么火热，维持店面的费用却在成倍增长，我开始感觉到沉重的压力。

　　有一天，一个初中同学来找我，他说他也想开家店，给别人打工总不如自己当老板，他让我提些建议，我的回答支支吾吾。父亲急了，跑过来说："那你也开家海鲜店吧。"我使劲朝父亲使眼色，示意他走开，但父亲越说越来劲，等他一席话说完，同学已经是两眼发光，一个劲儿地和父亲握手说感谢。

等同学走了，我忍不住埋怨说："爸爸，你怎么能叫他也来开海鲜店呢，一个店的生意都这么差，何况是两家店？"父亲笑了，摆摆手说："不是两家店，起码要开5家店。"我诧异地望着父亲没说话，但我知道，父亲从不打没把握的仗，这样做，自有他的道理。

两个月后，我所在的龙湾街，开了6家海鲜店，成了名副其实的海鲜一条街。紧接着，父亲联手几家海鲜店搞了次大型的"吃海鲜，送摩托车"活动，海鲜城因此声名鹊起。

正如父亲所料，打开市场后，店里的生意不仅没有减少，反而越来越兴旺。父亲生日那天，其他几家海鲜店的老板都提着厚礼来看父亲，说感谢父亲给他们指出一条生财之路。父亲高兴地对他们说："其实，要说感谢的是我们，是你们的加入让我儿子的店起死回生。"

晚上，父亲走过来，跟我讲了个故事，是父亲年轻时候的事了。那时，像现在的我一样，父亲雄心勃勃想干一番大事业，他和几个志同道合的同事，一起跑起了运输。当时同市的几个车队竞争非常激烈，但父亲经常把自己揽到的业务介绍给其他车队。很多人不理解，甚至还骂父亲吃里扒外。直到有一次，父亲所在的车队承包了一单去俄罗斯的业务，在半路上遭遇到了雪灾，他们陷入了绝境，幸好其他几个车队赶过来了，经过两天一夜的抢救，父亲他们才转危为安。

父亲语重心长地对我说："我想要告诉你，给别人开一朵花，其实也是在灿烂自己的生命。同样的道理，我让大家都来开海鲜店，表面上，你像是亏了，但大家只要有序竞争，反而能形成一个品牌，用一个拳头说话，客源当然不足为虑了。"

我相信父亲说的是事实。半年后，我的店面再次壮大了一倍，我也成了当地有名的海鲜大王。一年后，我的海鲜分店遍布了这座城市，我在分店的办公室里，都挂上一条父亲送我的话：给对手也开一朵绚丽的花。

是的，这句话，值得我一辈子去铭记！

明知吃亏而为之

一提及"吃亏"两字，连邻家6岁小孩儿都会说"吃亏是福"，而在实际生活之中，真的把吃亏看成是福气的人却很少。懂得吃亏是职场道路上必修功课的人就少之又少了。

1801年，32岁的伍秉鉴从父亲手中接过怡和行时，其资金实力，虽在广州十三行中已名列第三，但若与潘氏"总商"号相比，还有很大的差距。自打他接收怡和行的那天起，就不满足"第三"的现状，雄心勃勃地想在自己的努力下，把怡和行发展壮大成位列第一的"总商"号。

那时的行商，拥有清政府授予的与外商交易的特许权。虽是垄断经营，各行商之间私底下的竞争却异常激烈，破产倒闭的屡见不鲜。主要原因之一是：当时的外商与行商做贸易，全凭的是口头上的协议和约定。这样一来，彼此诚信度就很低，特别是逢上销路紧俏或利润丰厚的生意，买卖权往往掌握在"总商"号的手中。为此，他曾一度十分苦恼和无奈。

直到 1805 年，在他身上发生了一件不可思议的事情，才使得他的事业有了突飞猛进的发展。这一年，一外国商号按照约定运抵一批棉花，践约而来的那个行商，发现这批棉花是陈货，拒绝交易。其他的行商，也怕交易这批棉花。这个外商急得如热锅上的蚂蚁，不知如何是好。

正当这个外商走投无路时，他挺身而出愿意收购这批棉花，给予帮助。这个外商喜出望外的同时，其他的行商却在议论纷纷，说他要吃大亏的有之；说他息事宁人的更有之。听到这些风言风语，从来不苟言笑的他，这次却是一笑了之。

果然不出其他的行商所料，这批棉花在他手中转手出去后，除了上交的税银，再扣除本金，他非但没能赚到一文钱，反而亏损了 1 万多元。然而，就是从他这次自愿吃亏开始，他的诚实、慷慨、诚信的声誉，远播到世界各地的外商那里，令外商们对他肃然起敬。于是，许多外商慕名找上门来，主动和他洽谈生意，与之建立起私人的友谊。从此，他的生意一下子繁荣昌盛起来，白花花的银子，仿佛珠江之水的朵朵浪花滚滚而来……

两年后，他家一跃成为广州十三行的"总商"号，实现了他的夙愿。又过了 20 年，他的总资产达 2600 万两白银，成了当时西方人眼中的"世界首富"。

写到这里，让我联想起前不久看到评介作家六六的一篇文章。

随着《蜗居》的热播，六六一跃成为全国最知名的编剧之一。据说《蜗居》的剧本费，她要价很高，这让许多人为之羡慕。可是，又有多少人知道，她今天的高稿酬，是建立在曾经无稿酬的基础之上的。

几年前，她写《双面胶》剧本时，许是寂寂无闻的缘故，稿酬少得可怜。用她今天的话说："那活儿是白送的。"更令人佩服的是，这"白送的活"，是她挺着大肚子完成的。可想而知，那时的她，本应是得到体贴和照顾的对象，却要为了赶写剧本，不分昼夜地写作。有时，为了一段剧情的连贯性，她甚至到了废寝忘食的地步。

她的母亲给她端来热腾腾的牛奶，很是心疼地说："孩子，不能为了挣钱连身体都不顾了。歇一会儿吧？""妈，我没事的。身体好着呢。"她一边笑着说，一边真想对母亲说：妈，不挣钱的。是在做女儿自己喜欢和热爱的事业啊！她没敢说"没钱"，怕说了，母亲听后会更加心疼她。

《双面胶》让她获得了白玉兰奖最佳编剧的提名，也为没上过一天电影学院、戏剧学院的她日后写《蜗居》剧本练就了基本功。"吃亏是福，越大我越相信这句话。"六六说，"有时候，你想吃亏，亏还不给你机会呢。"

是的，我想假如六六不是个懂得吃亏是福的人，不愿"白送那活儿"，与之讨价还价斤斤计较的话，抑或，因为是"白送"，就自我松懈马虎了事的话。说不定，就没有今天走红的六六了。

适当"吃亏"吧。伍秉鉴的"明知吃亏而为之"与六六的"吃亏的事情也得认真做好",虽有所不同,但两者的成功之路上,都少不了"吃亏"的铺垫。如果你志不在小,就得不怕吃亏,善于吃亏,把吃亏看作是人生之中的义务、机遇和转折。那么,信不信,成功就在不远的地方等着你呢!

/乐观面对当下/

很多时候，面对已经发生的挫折、失败和不可挽回的损失，我们大家表现出来的几乎都是万般无奈的惊慌失措，都是痛不欲生的心情沮丧，接下来的是万劫不复的心灰意冷，是自暴自弃的消沉和颓废，有人甚至因此走向轻生的绝路。

当自己处于这样的境地，我们为什么不尝试着让自己愉快地接受已经发生的事？

我接受本省一个犯罪研究机构的邀请，到鲁西南的金桥监狱，考察他们运用儒家学说改造犯人的典型。这个监狱地处偏僻的乡村，对于监狱之内的情形，我一无所知，不知道犯人们如何打发一天天的光阴，更不知道他们如何面对已经发生的巨大的人生挫折。

监狱的政委把我带到了这样的一个监室，监室内的中间有一个巨大的长方形案子，周边坐着十几个犯人。他们正在一个 60 多岁的老犯人的带领下一丝不苟地临摹着书法。我看到四面的墙上张贴着很多书法作品。政委告诉我，这些都是犯人们自己的作品，其中的优秀作品参加市里的展览还获了奖。

年龄大的那位犯人显然是他们的老师，他很认真地给那些年轻的犯人纠正着不规范的执笔方法。

政委告诉我，那位年老的犯人姓赵，进监狱之前是济宁下辖某县的县委副书记，因为经济犯罪被判刑 13 年。他有书法特长，进监狱之前就是济宁市的书法家协会副主席了。刚刚进监狱的时候，他的精神意志极端颓废，万念俱灰，自杀的念头。

但是现在不同了。监狱里成立了书法协会，他担任书法协会的主席，监狱里只要有兴趣的犯人，都可以报名加入协会跟他学习书法，最多的时候，协会的成员达到 60 多人。

渐渐地，他从犯罪的阴影中走了出来，完全沉浸在书法教学带来的乐趣之中，一丝不苟地教学员书法，在监舍的墙壁上写下很多励志的警句，还自己编写了书法教程，他的每一天都过得十分充实，也很有成就感。

了解了这些之后，我与他有了一次轻松的交谈。他的脸上是很轻松的表情，眼睛里也有些许的光芒，站在我面前的人，如果不是他的一身囚服，看不出他曾经有过的挫折。他给我介绍一个来自云南丽江的纳西族犯人，他因为贩卖妇女而被关押在这里劳教 5 年。他进监狱之前不认识一个汉字，是个文盲。开始他不敢报书法协会，自己连汉字都不认识，怎么学习书法呢？

他与老赵同一个监室，老赵感觉有义务教他识字，就做工作让他报名，先教他识字，再教他书法。老赵说，现在这个小伙子已经认识3千多个汉字了，而且书法也写得有模有样。小伙子告诉我，出了监狱之后，他回到家乡就考教师，教大家认识汉字，因为他们那里最缺少的是汉语老师。

老赵对未来也有自己的规划，出监狱之后，他要回到县里申请成立一个老年书法协会，他担任老师，教县里的老人们学习书法。

听着老赵和年轻犯人的话，我也被他们所感染，他们已经完全抛却了原来的挫折和失败，他们已经愉快地接受了已经发生的事，他们完全沉浸在对新生活的向往当中了。

走在监狱的院子里，我看到几乎所有的墙壁上都是老赵苍劲有力的书法。从这些书法当中，我很清晰地看到了一个经历过人生重创之后的老人重新站起来的身影。

离开监狱之后，我依然难以忘怀在金桥监狱里看到的情形。我想，我们任何一个人，在自己的一生当中，都不可避免地会遭遇狂风暴雨，会遭遇生命的重创。当猛烈炽热的狂风裹挟着泥沙吹进我们的生活而我们又无法躲避，我们就应该义无反顾地接受这无法躲避的命运，等狂风过后，以全新的姿态擦亮眼睛，收拾残局，让自己的人生走向一个新的高地。

不想当银行家的厨子

　　有一位中国的 MBA 留学生，在纽约华尔街附近的一间餐馆打工。一天，他雄心勃勃地对着餐馆大厨说："你等着看吧，总有一天我会打进华尔街的。"大厨好奇地问道："年轻人，你毕业后有什么打算呢？"MBA 很流利地回答："我希望学业一完成，马上进入一流的跨国企业工作，不但收入丰厚，而且前途无量。"大厨摇摇头："我不是问你的前途，我是问你将来的工作兴趣和人生兴趣。"MBA 一时无语。显然他不懂大厨的意思。大厨却长叹道："如果经济继续低迷下去，餐馆不景气，那我就只好去做银行家了。"MBA 惊得目瞪口呆，几乎怀疑自己的耳朵出了毛病，眼前这个一身油烟味的厨子，怎么会跟银行家沾得上边呢？

　　大厨对惊如呆鹅般的 MBA 解释："我以前就在华尔街的一家银行上班，天天披星戴月，早出晚归，没有半点自己的业余生活。

我一直都很喜欢烹饪，家人、朋友也都很赞赏我的厨艺，每次看到他们津津有味地品尝我烧的菜，我就高兴得心花怒放。有一天，我在写字楼里忙到凌晨一点钟才结束了例行公务，当我啃着令人生厌的汉堡包充饥时，我下定决心要辞职，摆脱这种工作如机器般的刻板生活，选择我热爱的烹饪为职业，现在我生活得比以前要愉快百倍。"

这对于像 MBA 这样的人来说是不可思议的。因为，他们在选择职业时，第一看体面，第二看收入，两者兼得，就足以在人前人后风光炫耀了。在一份简朴平淡的生活中，活得快乐而自我，才是一种上乘的人生境界。

成功需要孤注一掷的坚持

闺蜜，26岁，香港读博。高中时相识，一年后我读文她读理。文理的成绩无法准确对比，但从班级排名来说，她是不如我的，虽然刻苦程度我远不如她。自此认为，我的智商比她高。高考她上了二本的院校，那四年回我短信通常在凌晨之后，那个点她刚刚上完自习。

三年后考研，去了北京交大，好几次打电话都说学多了胃不行，总吐。研二去了香港，成了我身边最年轻的一位女博士，每月奖学金折合人民币一万四。高中的青葱岁月，我们每天一起回家。高中后这七年多的时间里，虽然联系没断，我们的见面次数却不超过七次，原因很简单，她在学习，在准备建模比赛，在上英语辅导班，在备考，没有时间。虽然直到现在我还是认为自己智商比她高，但她的经历告诉我，人与人之间最小的差别是智商，最大的差别是坚持。

大学校友，一个和我同届学新闻的姑娘，很有女孩子特质，纤细娇小，说话细声细语，是那种我见了都想去保护的人。大四那年她和很多同学一起去电视台实习，一年多的时间里工作苦压力大，电视台不支付工资，也没有是否能留下来的承诺，所有人都放弃了，只有她没有离开。她说这是个只要你拼命不会不出成绩的岗位。她现在工资全组最高，年薪让我羡慕得眼冒金星，可透过数字我能猜到这个外表柔弱的姑娘每天比别人多做了多少工作。

打球时崴脚，她一个人去医院看，又一个人单腿蹦回自己四楼的家；加班到半夜是常事，她就在包里装着有电棍功能的手电筒防身。说这些时她云淡风轻，我却想象着如果发生在我身上，每一件都足以让我哭泣自怜，祥林嫂般向别人倾诉许多天的。她照顾妹妹，自己供房贷，跟师傅学煲汤，和同事打球，同朋友爬山，每天的生活也丰富而多彩。前不久参加她的婚礼，看着外表依然弱弱地她，知道内心坚强又坚持的她一定会幸福。

高我两届的一位师兄，大学上课前为每一位教他的老师主动搬座椅，搬了整整四年。平时成绩占我们学科总分30%的比例，因为他的这一举动，所有任课老师都认识他，想必成绩上都有所优待。不是说他的行为功利化，只是觉得，即便抱着功利的目的，能四年如一日地为老师搬座椅，也足够令人钦佩，至少我坚持不下来。

上学时他是学校的贫困生，毕业后娶妻、生子，工作之余还出了本书，现在业余做电商，过着富足的小日子。去年我来石家庄时他请我吃饭，听他讲对未来生活的设想，我毫不怀疑他能实现。

我以为我受了很多苦，但是我不知道有那么多难受的人宁愿咬牙也要坚持走下去的感觉。反思自己，没有用尽全力去做一件事情，没有倾注身心去爱一样事情，更没有孤注一掷坚持过。作为拖延症重度患者，最近我体内的懒惰小孩快要将勤奋的小孩打死了。死前，勤奋小孩说，如果我们的生命不为自己留下一些让自己热泪盈眶的日子，你的生命就是白过的。

铁球的强大内心

太阳刚刚升起，夏威夷海滩上没有多少游人，显得非常空旷。沙滩在朝阳下一片金黄，一高一矮的两个黑皮肤少年，在沙滩上嬉戏着，他们时而打闹追逐，时而载向翻滚着扑来的海浪，时而低头捡拾五彩的贝壳，可更多的时候，他们坐在沙滩上，翘首远望浩瀚深蓝的大海，像是寻找某个答案。

那个高个子是奥巴马，另一个是他的同学杰克森。他们一年前来到著名的精英学校檀香山中学读书，但学校里有些白人学生、老师对他们非常歧视。他们因此叛逆、堕落、迷惘、无助……时常逃学、泡妞，甚至去买来大麻吸食。奥巴马曾在一篇文章中写道："无在十几岁的时候，与任何一个绝望的黑人青年一样，不知道生命的意义何在。烟酒、大麻……我希望这些东西能够驱散困扰我的那些问题，把那些过于锋利的记忆磨到模糊。我发现我了解两个世界，却不属于其中任何一个。"奥巴马所说的"两个世界"，自然是指黑人与白人虽共同相处，但他们的精神领域和现实生活却似乎总是存在着某种隔阂，一张看不见却异常牢固的网把彼此阻隔、区别。

这个学期，他们更换了新的班主任邓纳姆，她是一名漂亮的白人教师，对黑人学生下等对待，还推荐奥巴马担任学校篮球队的队长。这个学期开学一个多月了，奥巴马没有逃学过。昨天晚上，奥巴马和杰克森值日，他们将教室的地板拖得干干净净。同组值日的还有一名白人这生，他擦窗玻璃巴巴虎虎，没有擦干净。奥巴马善意地提醒他，他怒目而视，还鄙夷地说："黑鬼，你们没有资格教训我，看看你们拖的地板，都被你们的肤色染黑了。"奥巴马和杰克森气坏了，将他狠狠地揍了一顿。第二天，他们不想受到老师的训斥，就来到海滩闲逛。

晚上回家，他们得知邓纳姆老师已打来电话，说不会责怪他们，要他们到校上课。他们来到了学校。果真，邓纳姆老师见到他们，没有批评他们。

上午，有一节邓纳姆老师的课。上课时邓纳姆老师没有手执教科收和教案，而是一手捧着一只铁球，一手拿着一只气球。邓纳姆老师将铁球放到讲台上，又将气球系好，微笑着说："今天我们来做个实验。"说罢，她从衣兜里取出一根细针，先刺向铁球，铁球安然无恙。接着她又轻轻刺了一下气球，气球"砰"的一声就爆炸了。

邓纳姆老师微笑着问道："你们根据看到现象，能分析一下为什么会有这样的结果吗？"

这样的问题对于檀香山中学的学生来说，太简单了，大家纷纷发言，指出铁球是实心的，就是使劲地摔都摔不坏，用细针去扎，对它毫无影响。而气 球是空气的，里面只有空气，气球被针扎，气体瞬间溢出，针孔边立即产生了很大的应力，气球壁直接被这样的收缩应力扯碎了，自然就爆了。

邓纳姆老师对同学们的回答很满意，她不住地点头，接着问道："从这个实验中，你闪又能得到什么样的启示呢？"

奥巴马与全班同学一样，面面相觑，教室里只有风吹过的声音。

邓纳姆老师见没人作答，说道"气球内的气体充得越多，越是容易爆炸。就像一个人，越是自卑，越是表现为自尊，容不得别人的侮辱，甚至是善意的提醒，一触就跳。气球因为气体过多，爆炸了。过于自卑的人，也会毁灭了自己啊！"

接着她又讲述了很多因为自卑而导致的人类惨剧，同学们听得聚精会神。奥巴马听了在震撼之余羞愧难当。

邓纳姆老师最后有力地说："要想真正拥有自尊，就像那铁球一样，要有强大的内心，这内心来源于坚硬的铁块，得益于高温炉的千锤百炼。而人的强大的内心，是由厚重的修养、丰富的学识和良好的习惯形成的。"

奥巴马听了，忘记了和全班同学一起为老师的精彩发言鼓掌，他陷入了沉思。

自此以后，奥巴马不再迷茫彷徨，他广泛涉猎各个学科知识，积极参加各种活动，与人交往时不盲自菲薄，也不狂妄自大，最终成为美国的第一位黑人总统。

人的成功与种族、肤色和容颜无关，"人人都可以成为自己命运的建筑师。"这需要我们有铁球那样强大的内心！

做一条逆流而上的鱼

有时候我们的梦想只是在上游不远处的地方等待着你，我们所要做的不过就是鼓足勇气，超越逆流游过去，迎接你的就会是成功。

对于大多数人而言，从学校毕业是令人兴奋的一天——多年的寒窗苦读终于结束了。可对于我来说却不是这样。

还记得两年前的那个周末，我的家里人和朋友们从全国各地来到了我们的学校，看着我们全班人从毕业典礼台前依次走了过去。可正如同班里所有其他人一样，我眼里看到的是在大学最后一年里，我的经济状况从糟糕变成了更糟。我们毕业时拿到了学位证书，前景却非常渺茫。不计其数的求职申请都如泥牛入海，我知道，明天的我将不再有一个称作"家"的地方。

接下来的是难熬的几个星期，我把不能随身携带的东西都收拾好，找地方存放了起来，因为我知道这座小小的大学城不会有任何机会，只好开车去了加利福尼亚南部地区去找工作。我以为在那里不出一个星期就可以得到求职回复，可求职申请填好后，一拖就是两个星期，直至四个星期，我发现自己又像往常一样陷入了无尽的等待之中。而在这时，我需要偿还助学贷款的日期一天天地临近了。

你体会过当你在早上醒来，心里因为恐惧而茫然无措时的感觉吗？恐惧那些你无法把握的事情——你对一件事情满怀希望，而又害怕所得到的不过一场噩梦时心中挥之不去的恐惧感？在那段时间，这种感觉占据了我生活的全部。

几天感觉就像是几个星期，几个星期感觉就像是几个月，那么些个月给我的感觉就像是一个没有尽头的深渊一样。而给我打击最深的是无论我怎样努力，好像都无法让生活有丝毫的改变。

怎样才能让自己的大脑不至于被逼疯呢？我决定用笔记录。把自己的一些想法记在一页纸上，这让每一件事看起来更清晰一点，也更光明一点。这样的书写好像也给了我希望，当你已经走到了穷途末路时，心里有一点点希望本身就是你所需要的全部！

后来，我干脆把自己的受挫的经历写成了一本童话书，书名叫《逆流而上》，书中的主人公是一条无论遇到任何困难都不会放弃自己梦想的小鱼。

有一天，我收到了一份我的第一本书的出版合同！从那以后，我的境遇渐渐有了一点起色。不久后，我又收到了第二本书的出版合同，几个月后，我应约去迪士尼公司进行面试，公司不久就聘用了我。

我讲自己的故事就是要告诉你……永远不要放弃，也许逆境正是你成就自己的一个好机会。即使事情暂时看起来暗无天日，也不要放弃。两年前的今天，我蜷缩在自己的车里，打开一桶罐头，喝着里面的凉汤，现在都已成了过去。

如果你觉得工作辛苦，那么你就付出时间，但不要放弃，要相信事情一定会好起来。我以前没有任何的文学学历，也从没接触过写作，如果没有那段艰苦时间所受的磨难，我成不了今天的作家。